在大滅絕來臨前

UNDER A WHITE SKY

THE NATURE OF THE FUTURE

人類能否逆轉自然浩劫？從水利、生態設計、環境科學、基因研究到地球工程，
普立茲獎得主對人類為解決地球問題帶來更多課題的觀察與思索

ELIZABETH KOLBERT
伊麗莎白・寇伯特——著
譯——余韋達

獻給我的男孩們

有時，他沿著牆邊用錘子敲打，彷彿在發出訊號，
要那台等待出動救援的大型機器開始行動。
但事情不全然會以這種方式發生——
救援會依照自己的節奏展開，不管錘子傳來的訊號——
不過那畢竟是可感知、可掌握的存在，
如同一件象徵物，它可讓人親吻，但救援本身卻是吻不到的。

法蘭茲・卡夫卡
（Franz Kafka）

目次

Part 1
順流而下

河流可以預告命運、成為知識，或讓人意外得知他們不願知道的事情。

Part 2
進入荒野

自然──或至少是自然的概念──是與文化相互糾纏的。

Part 3

高空之上

確實，人類已經徹底改變了大氣。
而且的確，這很可能導致各種可怕的後果。
但人類也很足智多謀，
會想出瘋狂且偉大的構想，而且有時真的管用。

Part 1

順流而下

1

河流很適合用來做隱喻——或許太過合適了。河流可能是混濁、充滿隱含意義的，一如馬克・吐溫（Mark Twain）曾說密西西比（Mississippi）河是「最冷酷也最令人畏懼的讀物。」但有時候，河流又可以明亮、清澈且如明鏡一般。梭羅在遊覽康科爾河與美里馬克河（Concord and Merrimack）那一週，才不過第一天，就發現自己迷失在河水的重重倒影中。河流可以預告命運、成為知識，或讓人意外得知他們不願知道的事情。「溯流而上就像回到世界的太初，當植被仍肆虐整塊陸地之時。」康拉德筆下的馬羅[1]回憶道。河流也可以代表時間、變遷，以及代表生命本身。「人無法踏入同一條河流兩次，」希臘哲學家赫拉克利特（Heraclitus）據聞曾對信徒克拉底魯斯（Cratylus）說過，而據說克拉特勒斯的回覆是：「人一次也無法踏進**同一條**河流。」

在數日大雨後的某個明亮早晨，我航行在不大能算是河的「芝加哥衛生與運輸運河（Chicago Sanitary and Ship Canal）」上。這條運河有四八・八公尺寬，而且筆直得像把尺。在運河的水裡，有沾黏著糖果紙的老舊厚紙板和一些保麗龍。在這個早晨，還有裝載著沙子、礫石與石化產品的船航行其上。我搭的小船是這些船隻當中的特例，而且還取了個有趣的名字：城市生活號（City Living）。

城市生活號有近乎全白的長座椅，以及在微風中瀟灑飄動的遮陽帆布棚。當時這艘船上還載著船長與船主，以及來自「芝加哥河友會（Friends of the Chicago River）」的成員。這群人不太計較小節，時常會到水深及膝的污水中，檢測水中糞生大腸桿菌群（fecal coliform）。然而，我們這趟旅程預計前往的是連他們都未曾造訪過的運河深處。大家都很興奮，但說實話，也都有點害怕。

我們的運河之旅是從密西根湖駛入芝加哥河的南部支流，現在正向西行駛，經過鋪路鹽（road salt）堆起的小山、廢鐵疊成的丘陵，與生鏽航運貨櫃組成的冰磧（moraine）。剛離開市區，我們就沿著據說是世界上最大的污水處理設施——史迪克尼污水處理廠（Stickney plant）的外部管線前進。雖然在城市生活號的甲板上，我們看不到史迪克尼污水處理廠，但我們能夠聞到從那裡飄出來的味道。一行人的對話轉向討論

1 譯註：《黑暗之心》（*Heart of Darkness*）的主角。

近期的幾場降雨。大雨癱瘓了當地的污水處理廠，導致「合流式下水道溢流（combined sewer overflows，簡稱 CSOs）」的現象。也有人開始猜測合流式下水道溢流，會讓哪些「漂浮的東西」開始漂流。有人好奇，不知有沒有機會遇到芝加哥河白魚（Chicago River whitefish），也就是當地人對用過的保險套的俗稱。我們的船緩慢前行。最後與另一條名為「Cal-Sag」的運河交會。在兩條運河的交會處有個三角洲公園，上面有座景色優美的瀑布。就像這趟旅程遇上的所有事物一樣，這座瀑布也是人工的。

若說芝加哥享有「大肩膀之城」（City of the Big Shoulder）[2]的美稱，那麼這條運河倒可以想像成這座城市的超大括約肌。在運河竣工前，城市中的所有廢棄物——人類的排泄物、養殖牛羊的糞便、屠宰工廠腐爛的動物內臟——都會流入芝加哥河中，因此導致河流某幾處堆積起厚厚的污垢，據說還能讓雞雙足不溼就橫跨河域。這些髒污最終會流入密西根湖，而這座湖從過去到現在，都是芝加哥唯一的飲用水來源。傷寒與霍亂的疫情也屢見不鮮。

興建這條運河的計畫在十九世紀最後幾年被提出來，並在二十世紀初完工，它直接在源頭處轉變了河流的方向。這條運河硬生生改變芝加哥河的流向，不再流向密西根湖，而將城市的污物導向德斯普蘭斯河（Des Plaines River），從那裡再流至伊利諾河、密西西比河，最終進到墨西哥灣。《紐約時報》頭條寫道：「芝加哥河的水現在像液體了。」

改變芝加哥河的流向是當時最大的公共建設計畫，也是過去「人類控制自然」（沒有諷刺的意思）的教科書範例。這條運河花了七年的時間開鑿，並用上許多新穎的工程科技：曼森與胡佛輸送帶（Mason & Hoover Conveyor）與韓德里克斜坡（the Heidenreich Incline），這兩項科技後來合稱為「芝加哥大地搬運學派」（Chicago School of Earth Moving）。這項工程總共挖出約三二九萬立方公尺的石頭與泥土，某位備受尊敬的新聞評論員計算過，這足以造出一座約十五公尺高、面積約為二．六平方公里的島嶼。這條河孕育這座城市，而這座城市重塑這條河。

但扭轉芝加哥河流向的工程並未直接將廢棄物沖向聖路易市（St. Louis）；這麼做一舉翻轉了範圍約為三分之二美國面積的水文學（hydrology）。這項轉變對生態造成了影響，也有經濟上的代價，更為這條倒流的河帶來新一輪的介入工程。本次城市生活號的航行正是要就這些問題一探究竟。我們小心靠近，但可能還不夠謹慎，在某個片刻「城市生活號」還差點被兩艘有我們的船雙倍寬的船給擠壓到。水手們喊出的指示一開始是

2 譯註：指稱芝加哥人很勤奮努力。

不好懂，但後來就變成不宜見刊的內容。

向河的上游（或者是下游？）航行約四八公里後，我們即將抵達目的地。首先進入視線的是一個標誌。塑膠檸檬色的標誌跟告示牌差不多大小。上頭寫著：警告：禁止游泳、潛水、釣魚或停泊。緊接著，又有另一個白色標誌寫著：所有人員、兒童與寵物皆須管制。航行了約數百公尺後，出現了第三個櫻桃紅的標誌：危險。即將進入通電魚欄內。有高觸電風險。

每個人都拿出手機或相機拍攝河流、警告標誌以及彼此。船上有人開玩笑說，應該有個人要跳進河裡被電，或至少把手伸進水裡看看會發生什麼事。想要坐享晚餐的六隻大藍鷺（great blue heron）像是在餐廳排隊的學生那般，肩並肩聚集在河岸。我們也拍這些鳥。

人類應該管理「全地、並地上所爬的一切昆蟲」[3]，這則預言已漸漸被視為事實。無論選擇哪個標準衡量，都會得出一樣的結果。直到今日，地球上超過一半未結凍的土地（約六九〇〇萬平方公里）會直接受到人類活動影響，而剩下的另一半則是間接受影響。人類在全球多數的主要河流上，都興建了水壩或進行河流改道。光是人類的肥料工廠與大豆田所捕捉到的氮，就遠超過地球生態系的總和；而我們的飛機、汽車與發電廠所排放的二氧化碳量，超過全世界的火山約一百倍。現在我們也定期製造地震。（其中一個造成損害的人造地震，在二〇一六年九月三日早上侵襲奧克拉荷馬州的潘尼〔Pawnee, Oklahoma〕市，就連在德梅因市〔Des Moines，愛荷華州首府〕都能感受得到。）若只以生物量（biomass）[4]的角度來評比，那麼數據也讓人瞠目結舌：現代人類與野生哺乳類的比例超過了八比一。若是將馴養的動物（主要是牛與豬）的重量也加入的話，那麼差距會變成二十二比一。「事實上，」《美國國家科學院刊》（*Proceedings of the National Academy of Sciences*）近期的一篇論文指出，「人類與家畜的重量加總，將會超過除了魚類之外，所有脊椎動物的總和。」我們也成為物種滅絕（甚至可能是物種形成）的主要驅動力。人類帶來的影響無所不在，據稱我們已經活在全新的地質年代——人類世（Anthropocene）。在人類歷史上，我們已經探索地球的每個角落，包含海溝的最深處，以及南極冰層的最中心，我們在任何地方都不可能不碰上比魯賓遜更早現蹤的腳印[5]。

3 譯註：原句引自《聖經》創世紀 1:26。

4 譯註：指的是有機體所存放的能量總和。

5 譯註：在小說《魯賓遜漂流記》中，魯賓遜在沙灘發現一個腳印之後，便從一個食人族部落手中救出後來的同伴「星期五」。

這些事件帶來了轉變，也帶來顯而易見的教訓：發願祈求事情時，不可不謹慎。大氣暖化、海洋暖化、海洋酸化、海平面上升、冰層融化、土壤沙漠化、優養化——這些都只是人類這個物種在地球上取得成功的部分副產品。這樣的演變被輕易標誌為「全球變遷（global change）」，而縱覽地球的歷史，只有為數不多的事件能夠媲美，其中最近期的就是在六六〇〇萬年前，小行星撞擊地球並終結了恐龍的時代。人類正創造出前所未見的氣候、生態系統，另外也創造了獨一無二的未來。在這個時刻，或許我們該審慎考慮縮減我們的作為，並降低人類為地球帶來的衝擊。但全球人口如此龐大——我寫作的現在已接近八十億人——而我們已涉入甚深，似乎已無法走回頭路。

因此，我們也面臨前所未見的困境。如果能有一個解決「控制」問題的解方，那一定會是更多的控制。然而，現在我們所要管理的，不是自外於人類存在（或我們想像中存在的）大自然。我們要努力的新方向，反而是著眼於已被重塑過的地球，順勢而為——不再是控制大自然，而是控制對大自然的控制。首先你改變一條河的流向，接著再對這條河通電。

美國陸軍工兵部隊（The United States Army Corps of Engineers）將他們的芝加哥

總部設在拉薩勒街（LaSalle Street）上一棟新古典主義建築裡。建築外的一面牌匾解釋：一八八三年，這裡曾舉行將全國時間完成同步的「時間公約大會（General Time Convention）」。大會最終將數十個地區性的時區統整成四個時區，所以當年在許多城鎮就出現了著名的「一日兩中午（day with two noons）」的現象。

工兵部隊在總統湯瑪士・傑佛遜（Thomas Jefferson）任內成立之初，就致力於推動大規模的工程。在許多改變世界的大型工程裡，都看得見他們的鏟子：巴拿馬運河、聖羅倫斯海道（the St. Lawrence Seaway，一條長達三千七百公里、連接大西洋至北美五大湖區的一系列運河、船閘與航道）、邦納維爾水壩（Bonneville Dam）與曼哈頓計畫（Manhattan Project）。（為了打造原子彈，他們還設立了新的部門；但又因為須掩飾該計畫的真正目的，他們將新部門命名為曼哈頓分部。）也就如同當時代的社會縮影一般，工兵部隊愈來愈常投入定期檢查以及次要的工作，例如管理通電的魚欄。

在我與芝加哥河友會出航不久後的某個早晨，我前往工兵部隊的芝加哥辦公室，拜訪負責管理這些魚欄的工程師查克・西亞（Chuck Shea）。一到了現場，我首先注意到的是在接待櫃檯旁，釘在石頭上的一對巨大亞洲鯉魚。就跟牠們的同類一樣，這對亞洲鯉魚的眼睛長在接近頭的底部，所以看起來好像被釘反了一般。這對塑膠魚四周有幾隻塑膠蝴蝶飛舞著，組成了耐人尋味的人造動物群。

「幾年前我還在攻讀工程學，那時從未想到自己會花這麼多時間思考魚類的事，」西亞告訴我，「但說實話，這很有助於在派對上打開聊天話題。」西亞體型瘦弱、頭髮斑白，戴著一副金屬框眼鏡，在處理文字無法說明的問題時，神情顯得羞怯。我問起魚欄的運作方式時，他彷彿要跟我握手般，伸出了他的手。

「我們會規律地在水中放電，」他解釋，「基本上只需要輸送足量的電力，確保能在全區建立起電場即可。」

「隨著你從上游移動到下游，電場強度會逐漸增加，反之亦然。所以如果我的手是隻魚的話，牠的鼻子在這裡，」他一邊繼續說話，一邊指著中指前端，「而尾巴會在這裡。」他指向手掌根部，並扭動著伸出的那隻手。

「於是，當魚游動時，牠的鼻子端會處於一種電位，而尾巴又處於另一種電位。電流實際上就是靠這種電位差流過魚的身體。而有電流在魚體內流動，才能電擊甚至電死牠們。一條大魚從魚頭到魚尾，會有更大的電位差。小魚的體積不足以產生大魚的電位差，所以受到的電擊就會比較小。」

他坐回原位，把手放在他的大腿上。「好消息是，亞洲鯉魚非常大隻，是頭號公敵。」我提醒他，人類的體型也很龐大。「大家對電流的反應不盡相同，」西亞答道，「但不幸的是，被電到的確很有可能喪命。」

西亞告訴我，因為受到美國國會施壓，陸軍工兵部隊在一九九〇年代末就開始投入興建魚欄。「其實那是非常開放式的指令，」他說，「只聽到有人說：『做點什麼吧！』」

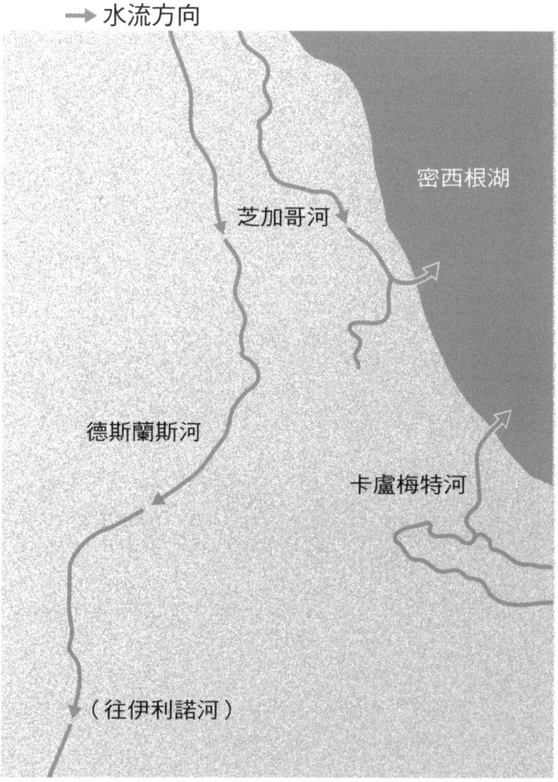

在河道轉向之前，芝加哥河會流向密西根湖。

給工兵部隊的任務很棘手：在不妨礙人流、貨物流與廢棄物排放的前提下，要讓魚類無法通過這裡。工兵部隊考慮過數十種可行的方案，包含在運河裡下毒、用紫外線照射運河、用臭氧破壞運河水質、用發電廠的污水來加熱河水，或是裝設大型濾網。他們甚至考慮要把運河填滿氮，以創造出常見於未經處理的廢水的缺氧環境。（這個選項遭剔除的原因有部分是因為成本過高——預估每天要花費二十五萬美元。）電擊最終獲得青睞的主要原因是因為很便宜，似乎也是最人道的選項。他們希望，任何游近魚欄的魚都在丟掉小命前就先被驅離。

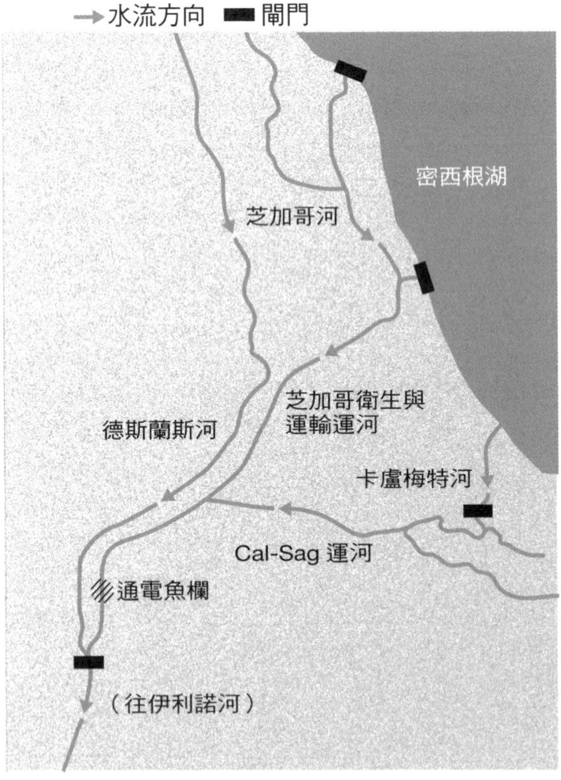

芝加哥衛生與運輸運河將河流導離湖泊。

二〇〇二年四月九號，首個通電魚欄開始運作。他們原先計畫要驅離的物種是長了一張蛙臉的入侵種：黑口新鰕虎（round goby）。黑口新鰕虎的原生地是裏海（Caspian

Sea），會掠食其他魚的卵。當時唯恐棲息在密西根湖的黑口新鰕虎會利用衛生與運輸運河游出密西根湖、入侵德斯普蘭斯河。到了那邊，牠們就可能再游入伊利諾河或密西西比河。但就像西亞跟我說的，「在這個計畫啟動之前，黑口新鰕虎早已出現在那裡了。」這也成了把魚嚇跑之後，才將運河通電的案例。

與此同時，其他的入侵物種如亞洲鯉魚，則是正在往反方向移動：從密西西比何逆流前往芝加哥。如果鯉魚能穿過運河，大家擔心那可能會為密西根湖帶來巨大損害，甚至讓蘇必略湖（Lakes Superior）、休倫湖（Lake Huron）、伊利湖（Lake Erie）和安大略湖（Lake Ontario）蒙受更大的災難。某位密西根州的政治人物警告，這種魚可能會「毀了我們的生活方式。」

「亞洲鯉魚是非常好的入侵性物種，」西亞跟我說。接著他改口說：「嗯，應該不能說『好』——是牠們很擅長侵略，適應力很強，能在不同的環境中蓬勃發展。這也是問題之所以棘手的原因。」

工兵部隊後來又在運河裝設了兩個魚欄，以大幅提升電壓；在我造訪的那時候，他們正在把舊有的設備換成電力更強的版本。他們也規畫要將這場對抗戰升級，增設會製造噪音與氣泡的魚欄。建造氣泡欄的預算，原先估計為二・七五億美元，後來又增加至七・七五億美元。

「大家開玩笑說這根本是在打造迪斯可舞廳。」西亞說。我心想，這句話他可能也在派對上說過。

雖然一般常把亞洲鯉魚當成單一物種來討論，但這個名詞是四種魚的泛稱。這四種魚原生地都是中國，中國人稱為**「四大家魚」**，其實意思就是「四種著名的常見魚類（four famous domestic fishes）」。從十三世紀開始，中國人就將這四種魚一起養在池塘中。有人說：這種做法是「人類史上首次載於文獻中的多元物種養殖案」。

四大家魚各有所長，當牠們聚在一起，就會像「驚奇四超人（Fantastic Four）」般所向無敵。草魚（grass carp，學名為 *Ctenopharyngodon idella*）會吃水生植物。鰱魚（silver carp，學名為 *Hypophthalmichthys molitrix*）和鱅魚（bighead carp，學名為 *Hypophthalmichthys nobilis*。又稱大頭鰱）則是濾食性動物：這兩種魚會用嘴吸水，然後用魚鰓裡梳子狀的器官濾出浮游生物。青魚（black carp，學名為 *Mylopharyngodon piceus*）會吃蝸牛這類軟體動物。把農業廢棄物丟進池塘，草魚就會以此為食。魚的排泄物會加速藻類生長，而藻類能餵養鰱魚以及鱅魚愛吃的水蚤等小型水生動物。這個系統讓中國人得以採收極大量的鯉魚——光是二〇一五年就獲得近五百億磅的漁獲。

一如大多數發生在人類世時代的諷刺情況——在中國，野生鯉魚的數量銳減，而養殖池中鯉魚數量則上升了。

因為三峽大壩等工程的緣故，使得生長在長江的鯉魚難以產卵。鯉魚同時是受人類控制的道具，也是遭人類控制的受害者。

四大家魚最後來到密西西比河，有一部分要歸因於《寂靜的春天》（*Silent Spring*）——另一樁人類世的諷刺之事。在這本原暫定書名為《控制自然》（*The Control of Nature*）的書中，瑞秋・卡森（Rachel Carson）譴責了當時那個暫定書名的概念。

「『控制自然』是心態傲慢者想出來的短語，也是誕生於尼安德塔人（Neanderthal）時代的生物學和哲學觀，認為自然是為了人類的舒適便利而存在。」她寫道。除草劑與殺蟲劑代表「穴居人」最糟糕的那種思想，就像根「扔向生命結構」的棍棒。

卡森警告，濫用化學物質會傷害人類、殺死鳥類，並將國家的所有水路全變成「死亡之河」。政府單位不該提倡使用殺蟲劑與除草劑，而是該淘汰摒棄才對：「有很多種優秀的替代方案」可供選擇。其中一種卡森特別推薦的方案，就是利用一種生物來對抗另一種生物；例如，可以引進寄生蟲來餵給討人厭的昆蟲。

「那本書認為人類要解決的問題（壞蛋），就是幾乎毫無節制且普遍使用的化學物質，尤其是像DDT這類的有機氯化烴化合物（chlorinated hydrocarbons）。」在阿肯色州（Arkansas）的水文研究中心進行「亞洲鯉魚在美國」歷史研究的生物學家安德魯・米契爾（Andrew Mitchell）跟我說。「這也是整個背後脈絡：人類要如何擺脫對化學物質的重度依賴，又能保有一定的控制力？這可能也深深關係到引入鯉魚的決定。這些魚是一種生物的控制力。」

一九六三年為《寂靜的春天》出版隔年，也是官方記錄上，美國魚類與野生動物管理局首次將亞洲鯉魚運至美國的時間點。就像卡森建議的那樣，他們的概念是要利用鯉魚來控制水中的雜草。（像聚藻——另一種外來物種——之類的雜草會全面阻塞湖泊與池塘，使得船隻與泳者無法穿越。）一開始，這些指頭大的小草魚被飼養在管理局位在阿肯色州斯圖加特的魚類養殖實驗站（Fish Farming Experimental Station）。三年過後，站內的生物學家成功讓其中一隻（已經長大）的鯉魚產卵，並孵化出上千隻的小魚。沒過多久，有些魚逃出實驗站，小鯉魚逃到密西西比河的支流懷特河（White River）中。

後來，在一九七〇年代，阿肯色州的狩獵與釣魚委員會找到了鰱魚與鱅魚的用途。剛通過的美國《淨水法案》（The Clean Water Act）讓地方政府有了要遵守新標準的壓力，但很多社區無法負擔翻新污水處理廠的費用，狩獵與釣魚委員會認為在污水處理池中養鯉魚可能有幫助。若鯉魚能吃掉因氮含量過多而繁衍出的藻類，就得以減少池中的營養量。某個研究將鰱魚放到小石城（Little Rock）郊外的本圖（Benton）當地的污水處理塘中，研究人員發現這些魚確實減少了塘中的養分量，但那是在牠們也從該處逃跑之前——大家都不確定究竟是怎麼辦到的，因為沒有人去注意。

「當時，所有人都在找方法清理環境，」在阿肯色州狩獵與釣魚委員會負責處理鯉魚的生物學家麥克．弗里茲（Mike Freeze）跟我說，「瑞秋．卡森寫出《寂靜的春天》之後，每個人都非常關注所有在水中使用的化學物質。但很不幸，他們對這些非原生物種沒有投以同等的關注。」

✦ ✦ ✦

有一座血淋淋小山，是由多為鰱魚的魚身所堆積起來。魚的數量非常多，而且是被活生生扔上船。有好幾個小時，我看著小山不斷堆高，雖然我猜底部的魚現在已經死了，但上方的魚還在不停地呼吸與掙扎。我想我能感覺到，他們低垂的眼睛中所傳達的控訴，但我其實不大清楚牠們能否看到我，或者這些都只是我個人的情感投射。

那是個悶熱的夏日早晨，距離我乘坐城市生活號的旅程已經又過了幾個禮拜。急促呼吸的鯉魚、一組受聘於伊利諾州政府的生物學家、幾名漁夫和我，都在芝加哥西南方約九十六公里的莫利斯（Morris）鎮的一座湖上不停上下晃動。這是一座無名湖，一開始只是個礫石坑。進到這裡之前，擁有此地的公司要求簽署一份同意書，其中一條要我保證我沒有攜帶任何槍械，並且不會抽煙或使用任何「製造火焰的裝置」。同意書上畫著這個由大坑變成的湖，外型就像小孩子畫的暴龍。位於暴龍肚臍的位置（如果暴龍有肚臍的話）有個連結湖與伊利諾河的水道，是專門為鯉魚而設計的。鯉魚需要在流動的水中繁殖（要不就得靠注射荷爾蒙），但產完卵之後，牠們喜歡回到滯水中覓食。

莫利斯鎮可被視為對抗亞洲鯉魚之戰的蓋茨堡（Gettysburg）[6]。在該鎮南方有大批的鯉魚；而北方則依然罕見鯉魚蹤跡（雖然罕見的程度仍有爭議）。為了維持現狀，許多人貢獻了大量時間、金錢以及魚屍。這項作業稱為「防禦屏障工事」，目標是阻止大型鯉魚抵達通電欄。如果靠通電可以百分之百順利運作，那也就不需要「防禦屏障工事」了，但我訪問過的所有人，包含陸軍工兵部隊的官員西亞在內，似乎都不急於見證這項科技開始上路測試。

「我們的目標是阻止鯉魚進入五大湖區，」在我們漂浮於礫石坑湖上時，其中一位生物學家跟我說，「我們並不想仰賴通電魚欄。」

清晨一大早，漁夫們就已經撒下上百公尺長的流刺網，現在他們正用三艘鋁製船隻把網拉回來。若捕到了鏟鮰（Flathead catfish）或淡水石首魚（Freshwater drum）等原生魚類，就會為牠們鬆網並扔回湖中，而捕獲的亞洲鯉魚則會丟到船中央領死。

在這個無名湖中似乎有無數的鯉魚棲居。我的衣服、筆記本，以及卡帶錄音機都濺滿了血與爛泥。漁網拉上來沒多久，就又重新放回湖中。當漁夫需要從船的這端走到另一端時，他們會直接穿過在船中央扭動的鯉魚群。「魚在哭泣時，有誰聽得見？」梭羅問道，「我們曾活在相同的時空裡，有些人會記住這件事。」

幾個讓「家魚」在中國出名的特質，正是牠們在美國惡名昭彰的原因。營養充足的草魚，重量可能超過三六．三公斤。一隻草魚一天就能吃掉自身體重一半的食物，還能一次產下成千上萬顆卵。鱅魚的重量有時可能上看四五．四公斤。他們緊皺著眉頭，看起來彷彿心懷怨恨。因為沒有真正的胃，所以這些魚會不停進食。

鰱魚也同樣貪吃；這群高效率的濾食者能濾出大小超過四微米（約是人類最纖細毛

6 譯註：發生在蓋茨堡的蓋茨堡之役（Battle of Gettysburg）常被視為美國內戰的轉捩點。

髮直徑的四分之一）的浮游生物。在這些鯉魚出沒的地方，牠們幾乎所向披靡，會把自己吃到成為當地唯一的魚種為止。正如記者丹・伊根（Dan Egan）曾經說的：「鱅魚與鰱魚不僅僅入侵各個生態系統，更制霸了各個生態系統。」在伊利諾河中的魚類生物量中，亞洲鯉魚目前占了將近四分之三，而在某些流域中，占比甚至更高。同時，牠們對生態的破壞也不只是讓魚類遭殃。人們擔心以軟體動物為食的青魚會將已陷入危機的淡水貽貝（freshwater mussel）逼入更糟的處境。

「北美洲有全世界種類最多元的貽貝，」在美國地質調查局（U.S. Geological Survey）負責亞洲鯉魚研究的生物學家杜安・查普曼（Duane Chapman）跟我說，「許多種貽貝已經瀕危甚至滅絕。而現在，我們基本上是把世界上最有效率的淡水軟體動物掠食者，倒入一群幾乎瀕危的軟體動物棲地。」

我在莫利斯鎮遇到的漁民崔西・賽德曼（Tracy Seidemann）穿著一件沾滿血漬的防水吊帶褲以及剪掉袖子的T恤。我注意到他一隻曬傷的手臂上有鯉魚的刺青。賽德曼跟我說，這是隻普通的鯉魚。但普通的鯉魚也很有侵略性，牠們是在一八八〇年代從歐洲引入美國，可能也曾造成過一波浩劫。但因為生存在這裡很久了，大家早已習慣。「我想，或許應該也刺個亞洲鯉魚上去。」他聳肩說道。

賽德曼跟我說，他過去主要是捕牛胭脂魚，那是密西西比河與其支流的原生魚種。（牛胭脂魚長得有點像鯉魚，但是隸屬於完全不同的科。）當亞洲鯉魚抵達美洲後，牛胭脂魚的數量驟降。現在賽德曼大部分的收入來自伊利諾州自然資源部（Illinois Department of Natural Resources）委託的捕殺工作。探聽收入多寡似乎有失禮貌，但後來我得知，這些約聘漁夫每週能賺超過五千美元。

在那天的尾聲，賽德曼和其他漁夫把裝著鯉魚的船放上拖車後，就一路開往城內。這些已經動也不動、目光呆滯的魚之後會再被倒進一台待命的半掛式拖車。

這一輪的「防禦屏障工事」還會持續三天。最後他們總共捕獲六千四百零四條鰱魚與五百四十七條鱅魚，這些魚秤出的總公斤數則超過了二二〇〇〇。半掛式拖車會把魚屍載向西邊並磨成肥料。

密西西比河流域排在世界第三大，僅次於亞馬遜河與剛果河。其流域超過三百一十平方公里，並且綿延在美國三十一州與加拿大兩個省的境內。流域形狀有點像漏斗，而漏斗嘴則注向墨西哥灣。

五大湖的流域也非常廣闊。面積超過七七．七萬平方公里，並蘊含北美洲百分之八十的淡水量。這個形狀貌似吃太多的海馬的水系會經由聖羅倫斯河（Saint Lawrence River），一路向東流入大西洋。

這兩個水系雖然很靠近，但各自有（或曾經有）分明的水文世界。沒有一種魚（或軟體動物與甲殼綱動物）可能從一個水系爬出、進到另一個水系。但是芝加哥為了解決污水問題而開鑿衛生與運輸運河時，就打開了一扇門，讓兩個水文世界連結起來。在二十世紀多數時間裡，這完全不成問題；因為運河裡滿是芝加哥排出的廢棄物，毒性太強，不可能成為魚兒的通道。然而隨著《淨水法》案通過，以及在芝加哥河友會等組織努力之下，水質獲得改善，黑口新鰕虎等生物也開始溜了出去。

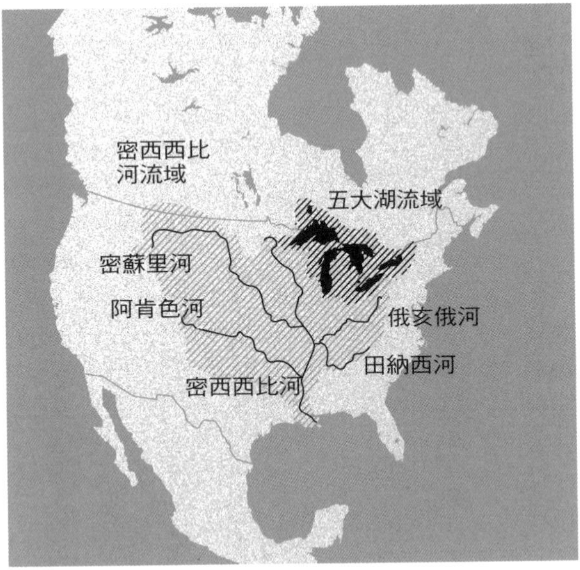

芝加哥河的轉向，把兩個大型流域連結在一起。

二〇〇九年十二月，工兵部隊為了進行定期維修，要將運河中其中一個通電魚欄關閉。據了解，最靠近的亞洲鯉魚是在下游的二十四公里處。然而伊利諾州自然資源部為求保險，還是在水中投放約七五八〇公升的毒，結果產生了大約二四〇〇〇公斤重的死魚。在這些死魚中，有發現到一隻亞洲鯉魚（是一隻約五五・九公分的鱅魚）。無庸置疑的是，有許多魚在被打撈上岸前，就已沉入河底。河中是否還有更多亞洲鯉魚？

幾個鄰州的反應都很激烈。十五位國會議員聯名致函工兵部隊，表達他們的不滿。「對五大湖區的生態系而言，引入亞洲鯉魚可能會是最大的威脅。」聯名信中寫道。密西根州提出訴訟，要求阻斷兩個流域之間的連結。工兵部隊研究了各種方案，並在二〇一四年發表了一份兩百三十二頁的報告。

根據工兵部隊的評估，重新讓「水文系統分離」確實是阻止鯉魚進到五大湖區最有效的手段。美國陸軍工兵部隊預估，這項工程需要花上二十五年——比原先開鑿運河的時間還多三倍——而且預算高達一百八十億美元。

與我交談過的許多專家說，這筆錢很值得花。他們指出這兩個流域都有自己的入侵物種，有些是人為刻意引入的，例如鯉魚；但有些是意外引入的（途徑為來自船隻排出的壓艙水）。在密西西比河流域，可找到如尼羅口孵非鯽（Nile tilapia）、祕魯水草（Peruvian watergrass），以及來自中美洲的九間始麗魚（Convict cichlid）。在五大湖區則有：海七鰓鰻（sea lamprey）、三刺魚（threespine stickleback）、四刺魚（fourspine stickleback）、長柱尾突蚤（spiny waterflea）、魚鉤水蚤（fishhook waterflea）、紐西蘭泥蝸（New Zealand mud snail）、歐洲盤螺（European valve snail）、耳蘿蔔螺（European ear snail）、大歐洲豌豆蜆（greater European pea clam）、駝背豌豆蜆（humpbacked pea clam）、亨斯洛豌豆蜆（Henslow pea clam）、克氏原螯蝦（red swamp crayfish）與血紅糠蝦（bloody red shrimp）。而堵住運河就是控制入侵物種最保險的方式。

但支持「水文系統分離」的人都表示，他們不認為這項計畫有可能成真。若要再重新規畫芝加哥的水道，就表示要重新安排整個城市的航運路線，重新設計洪水控管機制，並且改造污水處理系統。現今體制的既得利益者手中握有大量的選票。「從政治的角度來看，這個計畫永遠不會發生。」一位曾推動分離，但最終放棄此想法的組織領導人告訴我。相較於改變運河周圍民眾的生活，去思考怎麼樣再次改變這條河會容易許多——無論是用電力、氣泡、噪音，或各種可想像得到的手段。

✦ ✦ ✦

我第一次被鯉魚撞到是在伊利諾州的渥太華（Ottawa）附近。感覺就有人拿威浮球棒打我的小腿。

人們之所以真正注意到亞洲鯉魚——而且那些魚還真的「躍入眼簾（leap out）」——是因為鰱魚會從水中躍出水面。其中一種會讓鰱魚跳躍的噪音是舷外引擎的轟鳴聲，也因此在中西部鯉魚肆虐的水域，滑水已經變成一種地區專屬的極限運動。鰱魚在空中劃出的那道弧線讓人覺得既美麗（彷彿在觀賞魚兒的芭蕾舞蹈）又嚇人（彷彿要面對砲火來襲）。我在渥太華遇到的一位漁夫跟我說，他曾經被躍起的鰱魚撞到不省人事。另一位則說，他很久之前就再也記不清自己因為鰱魚而受傷的紀錄，因為「幾乎天天都會被撞到。」我也讀到有位女士曾在騎水上摩托車的時候被鰱魚撞落水中，她能夠活下來是因為剛好有個經過的船夫注意到她的救生衣在水中載浮載沉。在YouTube上可以找到無數鰱魚跳躍的影片，影片會下個類似「亞洲鯉啟示錄（Asian Carpocalypse）」與「飛躍亞洲鯉魚的進擊」的標題。伊利諾州的貝斯（Bath）鎮就位在鯉魚特別多的河段，當地就曾試著利用這種水上大混亂，舉辦一年一度的「鄉巴佬釣魚錦標賽」來賺錢，而且還鼓勵參賽者穿特殊服裝來參加。「強烈建議穿著防護裝備！」錦標賽的官網文字寫道。

我被撞到的那天，是跟另一群約聘漁夫在伊利諾河上進行「防禦屏障工事」。那趟旅程還有其他同行人員，包含一位名叫派翠克．米爾斯（Patrick Mills）的教授。米爾斯

鰱魚受到驚嚇時，就會跳出水面。

在喬利埃特初級學院（Joliet Junior College）任教，學校距離工兵部隊預定設置「迪斯可」噪音及高壓水柱柵欄的位置只有幾公里。「喬利埃特就像是矛的尖端。」他跟我說。米爾斯那天頭戴一頂喬利埃特初級學院的棒球帽，並將GoPro攝影機夾在帽舌上。

米爾斯是我在伊利諾州遇到決定投身對抗亞洲鯉魚的其中一人，但他們這麼做的背後原因我並不都很清楚。身為受過專業訓練的化學家，他研發出一種會散發氣味的特殊誘餌，用來吸引鯉魚進入網中。在當地一位糖果師傅的協助下，他生產了一卡車的雛型誘餌，大小與形狀與磚頭相似，但是用融化的糖製作而成。「這有點類似在發揮馬蓋先（MacGyvered）精神。」米爾斯坦承。

那天測試的口味是蒜頭。我嘗了一口誘餌，味道其實不差，就像有大蒜味的「Jolly Rancher」硬糖果。米爾斯告訴我，下一週會測試茴芹（anise）口味。「茴芹的味道非常適合河水。」他說。

米爾斯的發明引起了美國地質調查局的興趣，一位生物學家從密蘇里州的哥倫比亞開了六小時的車來看實驗進展得如何。幫忙製作誘餌的糖果商與他太太也來到現場。這一段的伊利諾河大約離芝加哥有一二八公里之遙，河面寬闊且人跡罕至。有一對禿鷹在上空盤旋，而在四周跳動的魚，不時還會跳入船中。所有人似乎都沉浸在節慶般的氣氛中——除了漁夫之外；因為對他們來說，今天只不過又是一個上班日。

幾天之前，漁夫設置了數十個袋網，造型和功用就跟風向袋一樣。（水一流入，就會讓袋網膨脹；沒水的時候則會塌下來。）半數的袋網裡有小網袋，裡面裝著米爾斯的誘餌磚塊。他希望裝了誘餌的袋網可以吸引到更多鯉魚。漁夫們毫不掩飾他們的懷疑。其中一位漁夫跟我抱怨鯉魚糖的味道，但我覺得這種抱怨很奇怪，因為他們相互比較的兩種東西可是糖的氣味跟死魚惡臭。另一位則對他認定為浪費錢的做法翻了個白眼。

「對我來說，這是個笑話。」漁夫中最直言不諱的蓋瑞．蕭（Gary Shaw）有一次對米爾斯說道。因為糖的溶解速度太快，他不知道鯉魚要如何嘗到味道或找到誘餌。米爾斯的回覆很婉轉：「我們先產生某些想法，但唯有透過類似這樣的對話，才能夠精益求精。」當漁夫清空所有袋網之後，他們就把捕獲的魚裝到另一台半掛式拖車上。這些魚也註定要被做成肥料。

阻止亞洲鯉魚入侵五大湖區的想法似乎跟鯉魚的數量不相上下。「我們每天都接到電話，」凱文．埃隆斯（Kevin Irons）跟我說，「也聽過各式各樣的想法：從讓魚跳進去的平底船，到在空中揮舞的刀子，不一而足。有些想法還算睿智，有些則否。」

埃隆斯是伊利諾州自然資源部的漁業局副科長。他也同樣把大部分的工作時間花在煩惱鯉魚上。「我不願過早放棄任何想法，」在我們首次通電話時他對我說，「你永遠不會知道哪個小小點子最後可能帶來大益處。」

對埃隆斯而言，他相信阻止鯉魚入侵的最大希望就是藉著有點歪打正著的方式，找出能當成生物製劑（biological agent）的物種。什麼物種的體積夠大又夠貪吃，足以大幅削減鯉魚的數量呢？

「人類挺擅長過度捕撈的，」埃隆斯跟我說，「重點來了：該如何善用這一點？」

數年前，埃隆斯推動了一項活動，鼓勵大眾「愛鯉魚愛到死」。他把活動命名為「鯉魚祭（CarpFest）」。我出席了在莫利斯鎮不遠處的州立公園舉行的「鯉魚祭」開幕式。在公園的船舷梯附近有個大型的白色帳篷；志工在裡面發放各種有關入侵物種的宣傳品。我拿了一枝鉛筆、一個冰箱磁鐵、一本題名為《五大湖區入侵者》的小冊子、一條印有「別讓水中入侵者擴散」的擦手巾，以及提醒人怎麼躲避鯉魚之災的傳單。

「把『緊急熄火』開關掛繩繫在你的衣服上，」由伊利諾州自然歷史調查局（Illinois Natural History Survey）印製的傳單中建議，「如果你被撞出船外或掉入水中，這樣便能防止船繼續往前駛去。」另一間把鯉魚做成寵物食品的公司則免費給我一盒形狀類似「蛇乾」的狗用潔牙骨。

我發現埃隆斯坐在一張地圖旁邊，圖上標出了亞洲鯉魚會用什麼方式透過衛生與運輸運河溜進密西根湖。他是名身材魁梧的男性，有著稀疏的頭髮與白鬍子，看起來很像聖誕老公公，而且是在休假期間拿著工具箱的聖誕老公公。

「即便已經發生了很大的變化，大家還是對五大湖的生態系充滿熱忱，」他說，「我們得小心克制自己說出『喔，這原始純淨的系統』之類的話，因為那早就不是真正的自然了。」埃隆斯來自愛荷華州，會在伊利湖釣魚。近幾年來，伊利湖面臨藻類的大量增生，有相當大面積的湖水都變成噁心的綠色。生物學家擔心亞洲鯉魚會進到密西根湖，並從那裡再進入其他湖泊，那麼大量增生的藻類就會成為他們吃到飽的自助餐。這些貪吃的鯉魚可能會降低藻類的數量，但與此同時，他們也會取代玻璃梭鱸（walleye）和鱸魚（perch）等可供遊釣的魚種。

「我們最有可能看到伊利湖受到最大衝擊。」埃隆斯說。

在我們談話之際，一位壯漢正在帳篷中央切開一尾大鰱魚。一群人聚在四周圍觀。

「大家看，我像這樣讓刀子傾斜一個角度」這位名叫克林特．卡特（Clint Carter）的男子向觀眾解釋。他已剝除完魚皮，現在正從腹部切出長條的魚肉。

「你們可以帶走這些肉，絞碎之後就能做成魚肉餅和魚堡，」卡特對大家說，「你是分不出鯉魚堡跟鮭魚堡的差別的。」

當然，亞洲人數個世紀以來都樂於以亞洲鯉魚為食。這是之所以養殖「四大家魚」的主要原因，這也可能間接使牠們在一九六〇年代引起美國生物學家的注意。幾年前，有一群美國的科學家前往上海，想對這些魚有更深的了解，《中國日報》刊登了一篇文章，標題是：〈亞洲鯉魚：美國人的毒藥；中國人的佳餚〉。

「自古以來，中國人都在吃這種美味且富含營養的魚。」《中國日報》指出。文章還搭配幾張看起來很美味的餐點照片，包含奶白魚湯與剁椒魚。「在中國文化裡，將完整的魚端上桌象徵著繁榮。」報上寫道，「在宴會中，通常會最後才上這道全魚料理。」

中國顯然能成為美國出口亞洲鯉魚的市場。但問題是，埃隆斯向我解釋，要出口就得將魚冷凍起來，但中國人偏好買新鮮的魚，而美國人則對有刺的魚不感興趣。鱅魚跟鰱魚有兩排所謂的肌肉魚骨；這些Y字型的魚骨正是難以製成無骨魚排的原因。

「很多人一聽到亞洲鯉魚——由四個字母組成的『鯉魚（carp）』——反應就是『噁噁噁噁（ewww）』。」埃隆斯說。但當他們嘗一口之後，就會有所改觀。埃隆斯記得有一年，伊利諾州自然資源部在州博覽會上就有用鯉魚肉做的炸熱狗，「大家都很愛吃。」

在春田（Springfield）經營魚市的卡特也跟埃隆斯一樣，是大力提倡吃鯉魚的推廣者。他跟我說，他有一個朋友被躍出水面的鯉魚撞斷鼻子，因此要動眼部手術。

「我們必須控制鯉魚，」他說，「如果能夠抓走上百萬、甚至上千萬公斤的鯉魚，就絕對能帶來幫助，而達成目標的唯一方法就是創造出對鯉魚的需求。」他把切下來的魚柳沾滿麵包粉後再拿去炸。在暖和的夏末天氣中，他這個時候已經滿身大汗。魚柳炸熟後，他讓周圍的人試吃，想獲得大家認可。

「嘗起來像雞肉。」我聽到一個小男孩說。

大約中午的時候，一位身著白色廚師服的男子出現在帳篷中。所有人都稱他為菲利普大廚，但他的全名是菲利普．帕羅拉（Philippe Parola）。來自巴黎的帕羅拉現在住在巴頓魯治（Baton Rouge），他來到伊利諾州北部——一般要開十二小時的車，但帕羅拉說他只開了十小時——推廣他的「殺手級料理」。

帕羅拉抽著一根很粗的雪茄。他還發送出更多的紀念品：一款T恤印有一條抽著雪茄、面露驚恐看著煎鍋的鯉魚圖案；T恤的背面寫著「救救我們的河」。他也帶了一個很大的箱子。箱子的其中一面印著「亞洲鯉魚問題解方」，而下面寫著一行字：若打敗不了牠們，就吃了牠們！箱子裡裝著長得像大顆肉丸的魚蛋糕。

「放一點菠菜當底，外加一點奶油醬，就可以做成開胃菜，」帕羅拉一邊分給大家一盤盤的魚蛋糕時，一邊用濃濃法國口音說道，「把兩塊魚蛋糕搭配炸薯條，並附上雞尾酒沾醬（cocktail sauce），就能拿去足球場賣。或者也可以把這道菜放在婚禮接待處的托盤中。可見這東西用途有多廣。」

帕羅拉向我說，他用了將近十年的人生去構思這款魚蛋糕。而多數時間，他都在絞盡腦汁試圖解決Y型魚骨的問題。他曾試過用專門的酵素與冰島進口的高科技去骨機；但只能產出一坨亞洲鯉魚糊。「每一次我試著把它跟其他食材一起煮，就會變成灰色，而且吃起來像是燻牛肉。」他回憶道。最後他得出結論，那就是必須手工剔除魚刺，但因為美國的人力成本高得嚇人，所以必須要把這件工作外包。

他帶到鯉魚祭的魚蛋糕是用在路易斯安那州捕到的魚所做成。這些魚經過冷凍後，就會運送到胡志明市。帕羅拉解釋，鯉魚在那邊會經過解凍、處理、真空包裝並重新冷凍，再放入另一艘貨櫃船送回紐奧良。為了化解美國人「反鯉魚」的偏見，他將這種魚重新命名為「銀鰭（silverfin）」，並用這個名稱註冊商標。

很難算得清楚帕羅拉的「銀鰭」到底經歷了多長的旅程，才從小魚變成小點心（finger food），但我判斷至少有三二〇〇〇千公里，而且這還沒計入牠們的祖先最初來到美國的那段路程。但這真的就是「亞洲鯉魚問題解方」嗎？我還是有些懷疑。不過，魚蛋糕送到我面前時，我也拿了兩塊。的確非常美味。

2

紐奧良的湖濱機場（Lakefront Airport）位在龐恰特雷恩湖（Pontchartrain）中一個向湖心延伸的人工半島上。一九三四年落成的機場航廈有華麗的裝飾藝術風格（Art Deco），並且是以當時最先進的建造技術完成的。現在，這棟航廈可供婚禮場地租借，而停機坪則給小飛機使用；在鯉魚祭之後的幾個月，我也來到這裡，坐在一架四人座「派珀戰士」（Piper Warrior）小飛機的副駕駛座。

擁有這架派珀飛機的人同時也是駕駛，他是位半退休的律師，喜歡一找到理由就來開飛機。他跟我說，自己經常會志願參與在收容所之間運送需救援的動物。雖然他沒有明說，但看得出來狗是他最喜歡的乘客。

派珀飛機會先向北前進，飛越湖面之後，再調頭往紐奧良方向飛去。我們在英格蘭彎（English Turn）碰上密西西比河，此處急轉彎的河道角度大到幾乎要呈一個完整的圓。接著我們繼續沿蜿蜒的河流來到普拉克明堂區（Plaquemines Parish）。

普拉克明是路易斯安那州的極東南點。狀似大型漏斗的密西西比河流域在此處變窄、形成漏斗嘴，而來自芝加哥的廢棄物與漂流物終於也由此流入海中。從地圖上看，這個地區就像一條伸入墨西哥灣的粗壯手臂，而河流則像血管沿著中線流動。在手臂的最末端，密西西比河一分為三，外形會讓人聯想到手指或爪子，而該地區就名為「鳥趾」（the Bird's Foot）。

從空中鳥瞰，它卻有非常不同的面貌。如果這是條手臂的話，那就是極其瘦弱的手臂——雖然長度超過九六公里，實際上大部分都只是血管。小面積的陸地就像依附在河流邊的兩條細長帶子。

我在六一〇公尺高的空中飛行，從飛機上能辨識出建於帶子上的房舍、農場與精煉廠，但看不到在其中生活或工作的人。遠方則有開闊的水域與零星的沼澤地，那些沼澤地上有縱橫交錯的水道。這些水道大概是在土壤比較堅硬時挖出來的，為的是要取得埋在地下的石油。在某些地方，我看得出那些原先是原野、但現在被開發成筆直湖泊的輪廓。在飛機上方層疊起伏的偌大雲朵也倒映在底下的黑色水塘裡。

普拉克明的特殊之處，在於這裡是（或至少有人懷疑是）地球上消失得最快的其中一個地方。此地（日益減少）的居民統統都能指出哪一處流域曾經建過房子或狩獵營地，即便是年輕人也一樣。幾年前，美國國家海洋暨大氣總署（National Oceanic and Atmospheric Administration）正式廢除三十一個普拉克明的地名，例如雅坎灣（Bay Jacquin）與乾柏樹河口（Dry Cypress Bayou），因為這些地方已不存在。

普拉克明的情況也發生在所有沿岸地帶。從一九三〇年代至今，路易斯安那州的面積已經縮小超過五一八〇平方公里。如果德拉瓦州（Delaware）與羅德島州（Rhode Island）也失去如此大片土地的話，美國就會只有四十九個州。路易斯安那州每隔一個半小時，就會失去一個足球場大小的陸地。每隔幾分鐘，它就會損失一個網球場面積的土地。在地圖上，這個州長得仍像隻靴子。事實上，現在這隻靴子的底部已破爛不堪，不僅沒了鞋底，也失去了鞋跟與一部分的鞋背。

有諸多因素導致所謂「土壤流失危機」，但最關鍵的是某個工程界的奇蹟。跳躍的鯉魚之於芝加哥，就如下沉土地之於紐奧良周圍地帶——這些都是人為災害的證明。為了控制密西西比河，當地建起總長達上千公里的堤防、防汛牆與護岸。美國陸軍工兵部隊曾吹噓：「我們駕馭、拉直、規訓、束縛它。」這個龐大的系統原是為了讓南路易斯安那州免於水患而建，但也正因如此，這個地區才有如舊鞋般分崩離析。

於是，當地現正展開新一輪的公共建設計畫。如果「控制」是問題所在，那麼依照人類世的邏輯，實施更多的控制就必定是解方。

在普拉克明或南路易斯安那州，幾乎是從任一個地方往下挖，你很快就會挖到泥炭土；很多人把這個地區的土質類比為加熱後的Jell-O果凍。再多挖一下，你的洞就會有水湧入。這種土質讓棺材一類的物品很難埋入土中，這也是為何紐奧良地區的人死後會安葬在墓穴裡。若再向下挖，最終會挖到沙子與黏土。再繼續挖的話，就會挖到更多沙子與黏土，這樣的狀況會持續上百英尺（有些地方甚至會到上千英尺）。除了從外地運來增強堤防與強化道路的石頭之外，在南路易斯安那州是找不到任何石頭的。

而一層層的沙子與黏土在某種意義上，也都是外來的。這個版本的密西西比河已經流動了數百萬年之久，而河流也用它寬闊的背脊運載了大量的沉積物——當美國向法國買下路易斯安那的土地時，河水每年約會帶來四億噸的沉積物。「我對眾神所知有限；但我想這條河一定是個強壯、黝黑的神。」T. S.艾略特（T.S.Eliot）寫道。每當河水溢堤（過去差不多每年春天都會發生），沉積物也隨之散布在平原上。一季又一季，一層又一層，黏土、沙子與泥沙日漸堆疊累積。就這樣，這位「強壯、黝黑的神」利用來自伊利諾州、愛荷華州、明尼蘇達州、密蘇里州、阿肯色州與肯塔基州的零碎貢獻，拼湊成了路易斯安那州的海岸。

也由於密西西比河會留下沉澱物，所以河的位置會一直改變。因為逐漸積累的沉積物會阻礙水流，所以河流會尋找通往海洋的最快路徑。當中最劇烈的變化就稱為「沖決（avulsion）」。在過去七千年內，這條河總共發生過六次沖決，每一次都會留下新的隆起地帶。拉福什堂區（Lafourche Parish）是於查理曼大帝在位期間，在三角洲左側沉澱而成的地區。西泰勒博恩堂區（Western Terrebonne Parish）則是個在腓尼基人活躍的時期形成的三角洲遺跡。紐奧良所在的聖伯納

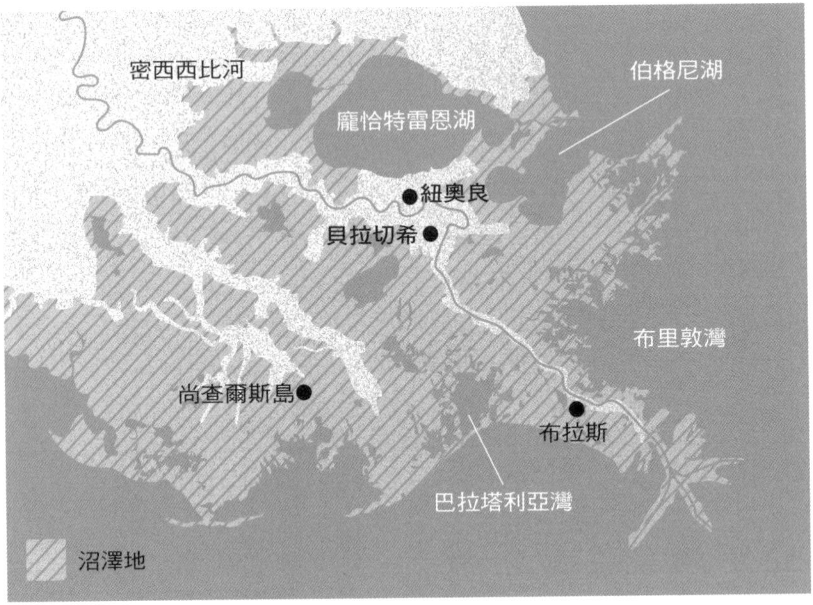

大部分路易斯安那南部的土地已經不再乾燥。

堂區則大約是在金字塔興建的時期形成的。許多歷史更悠久的地區現在已沒入水中。密西西比沖積扇這個形成於冰河時期的巨大扇形沉積物，現在就沉在墨西哥灣中；這個沖積扇比整個路易斯安那州還大，某些地方甚至有三千公尺深。

普拉克明堂區也是以同一種方式形成的。從地質學的尺度而言，它只能算是這個家族中的嬰兒。大約在一千五百年前密西西比河最近一次大改道之後，普拉克明堂區才逐漸成形。你可能會以為，因為這地區最晚形成，所以能夠維持得最久，但事實恰恰相反。隨著時間過去，這塊三角洲有如Jell-O果凍般的柔軟土壤會失去水分、變得緊密。最新的土壤層因為比較溼，體積流失得最快，因此該地區一旦停止沉積，就會開始沒入水中。借用巴布・狄倫（Bob Dylan）的歌詞——在路易斯安那州南方的任一處，「不是在忙著活著的人，就是在忙著死去。」

如此變化無常的地貌讓人很難在此長住。儘管如此，美洲原住民在這個三角洲形成之際，就已在此生活。根據考古學家目前的推測，他們會透過牽就河流，以應對它的變化無常。密西西比河泛濫時，他們就尋找高地。河水改變方位時，他們也跟著改變。

而法國人一抵達三角洲，就向在當地生活的原住民求教。一七〇〇年冬天，他們在現在的普拉克明東岸搭建一座木製堡壘。來自貝歐古拉（Bayogoula）的嚮導對堡壘指揮官皮耶・勒・莫因・迪貝維爾（Pierre Le Moyne d'Iberville）保證這是一塊乾燥的土地。無論他是要刻意誤導，或只是有所誤解（在路易斯安那州南方，「乾」是個相對而非絕對的形容詞），這個地方很快就碰上了水災。一位在隔年造訪此地的牧師發現，士兵必須涉過「深度及膝」的水才能抵達他們的小屋。他們在一七〇七年放棄這座堡壘。「我不明白要如何在這條河上安置移民者。」迪貝維爾的弟弟讓巴布提斯・勒・莫因・德・比恩維爾（Jean-Baptiste Le Moyne de Bienville）寫信給巴黎當局，解釋撤退的原因。

儘管比恩維爾的腳又冷又溼，他仍繼續前行，並在一七一八年發現了紐奧良。為了向周圍的水鄉澤國致敬，這座新城市被命名為新奧爾良島（L'Isle de la Nouvelle Orléans）。毫不意外，法國人選擇在最高處建城；但有些違反常理的是，此地剛好就在密西西比河隔壁，位於河水堆起的小高地上。河水氾濫時，沙子與其他較重的物質會先在水中沉澱，產生所謂的自然堤。（堤防〔Levée〕在法文中的意思是「被提高的」。）

建城一年後，新奧爾良島遭遇了首次的洪水。「水淹了十五公分深。」比恩維爾說。這片殖民地在接下來的六個月仍浸在水裡。法國人這次沒有選擇撤退，而是開始挖掘。他們不僅以人力加高天然堤防，也在淤泥中開闢排水通道。這些繁重的勞力工作多數都是由非洲奴隸完成。到了一七三〇年代，這些由奴隸搭建的堤防已沿著密西西比河兩岸綿延了近八十公里。

儘管早期的堤防僅僅用木材來強化土製的結構，所以經常崩塌，但那仍然建立了一套沿用至今的模式。因為城市不可能配合河流而到處移動，所以必須讓河流留在原地才行。每一次洪水來襲，人類都會加強堤防：蓋得更高、更寬廣，也更長。到了一八一二年戰爭（War of 1812）[1]爆發時，堤防的長度已超過二四〇公里。

在我飛越普拉克明的幾天之後，我發現自己又有一次俯瞰這個堂區的機會。由於密西西比河水位上升迅速，有人擔心在紐奧良上游的溢洪道水門無法順利運作。如果水位持續上升，且溢洪道水門也無法開啟的話，位於下游的這座城市與這些堂區就會遭大水淹沒。我身旁的幾位工程師開始緊張了起來。我也覺得很緊張，雖然只有一點點——因為我們眼前的密西西比河寬度只有十二・七公分。

河流研究中心（The Center for River Studies）是路易斯安那州立大學的前哨基地。

1　譯註：又稱第二次獨立戰爭。

該中心就位於離密西西比河不遠的巴頓魯治一棟長得像曲棍球場的建築裡。

在河流研究中心正中央，有一個密西西比河三角洲的複製模型（比例為一比六千），範圍涵蓋阿森松堂區（Ascension Parish）的唐納森維爾（Donaldsonville）到「鳥趾」的尖端。這個由高密度泡綿加工而成的模型模擬了這個區域的地形以及陸續建成的建物：堤防、溢洪道與防汛牆。模型約有兩個籃球場大，而且結實到足以讓人站上去。但是一開始進行模擬時，就以我在場的那天來說，在上面可說寸步難行。模型上的兩個大水坑代表龐恰特雷恩湖（Lake Pontchartrain）與伯格尼湖（Lake Borgne），雖然名為湖，但他們更接近半鹹水的潟湖。有些水坑則代表巴拉塔利亞灣（Barataria Bay）與屬於墨西哥灣一部分的布里敦灣（Breton Sound），還有其他更多水坑代表牛軛湖（bayou）與回流（backwater）。我脫下鞋子，試著從紐奧良走到沿海地帶。但等到我走到英格蘭彎時，雙腳已溼透了。我把溼淋淋的襪子塞到口袋裡。

這個三角洲模型代表的是某種未來的地勢圖，目的是要模擬土地流失與海平面上升的情形，並且測試各種應對的策略。在研究中心的某面牆上，有一行很醒目的愛因斯坦格言：「用當初造成問題的同一思維，去解決現今面臨的問題，這樣是行不通的。」

在我造訪時，這個模型還很新，所以仍在持續校正中。它可模擬從以前到現在各種經過完整記載的災害，比如二〇一一年的大洪水。那年春天大量的融雪加上中西部地區持續數週的暴雨，導致水位升到歷史新高。為了要讓紐奧良免於洪患，美國陸軍工兵部隊將紐奧良上游方向約四八公里遠的波納卡里（Bonnet Carré）溢洪道的水門打開。（波納卡里溢洪道會將河水引入龐恰特雷恩湖；水門全開時，總流量還超過尼加拉大瀑布〔Niagara Falls〕）。模型中的溢洪道水門是利用繫在銅線上的小銅片來代表。因為在上次的實驗中「水門」發生故障，所以這一次他們在附近安排了一名工程師在折疊椅上監控狀況。他看起來活像個現代版格列佛，俯身看著泡在水中的小人國利利普特（Liliput）。我注意到他的襪子也溼了。

在模型的世界中，時間跟空間都會收縮。在加速的時間軸裡，一小時等同於一年，五分鐘則是一個月。我在一旁觀看時，數週的時光也匆匆過去，而水位則持續上升。讓工程師鬆一口氣的是，這一次縮小版的波納卡里水門有正常開啟。河水開始從密西西比河流入溢洪道，而紐奧良逃過一劫，至少現在是如此。

這個縮小版密西西比河的源頭是兩個獨立的水槽。一個提供淨水；另一個則裝著來自小泥河（the Little Muddy）的泥土，但事實上並不是真的泥土。這些模擬沉澱物是從法國進口、經過精磨的塑膠顆粒：約半公釐大小的小顆粒代表的是比較大的沙子；而更迷你的顆粒則代表更細小的微粒。這些沉澱物的顏色烏黑，與漆成亮白色的泡棉河床及周圍的地形形成了對比。

在這次的模擬洪水中，有些顆粒被沖入溢洪道，流進龐恰特雷恩湖。有些則在河床沉澱，形成小型的淺灘與沙洲。多數顆粒則嘩嘩流過紐奧良與英格蘭彎。「鳥趾」的水道中填滿厚厚的模擬沉澱物，看起來就像裝滿了墨水一般。這些墨色混合物在流往墨西哥灣的途中形成深色的漩渦；若這是真實沉澱物的話，它們就會消失在大陸棚之中。

這個黑與白交織而成的現場也顯示出路易斯安那州面對土地流失議題的兩難。在水閘與溢洪道建成之前，若遇上二〇一一年那種水量豐沛的春季天候的話，密西西比河及其支流的河水都會溢出河道。雖然洪水會造成重大災害，但那也會將成千上萬噸的沙子與黏土散布到數千或上萬平方公里的鄉村土地上。新來的沉澱物會形成新的一層土壤，這麼一來就能防止土地沉陷。

多虧了工程團隊的介入，當地少了河水溢流與災害的發生，但也因此沒有新生土地。南路易斯安那州的未來就這樣直接沖入了大海。

✦ ✦ ✦

河流研究中心的隔壁就是路易斯安那州海岸保護與重建局（Louisiana's Coastal Protection and Restoration Authority，簡稱CPRA）總部。二〇一五年，卡崔娜颶風（Hurricane Katrina）侵襲紐奧良，造成超過一千八百人死亡；數個月後CPRA就成立了。這個單位的正式任務是執行「保護、保存、加強與重建本州海岸地區的相關計畫」，其實就是防止這個地區消失——說法比較好聽罷了。

我還在巴頓魯治的某一天，在模型附近遇到了兩位CPRA的工程師。大夥在聊天時，有人打開天花板上投影機的開關。瞬間，代表普拉克

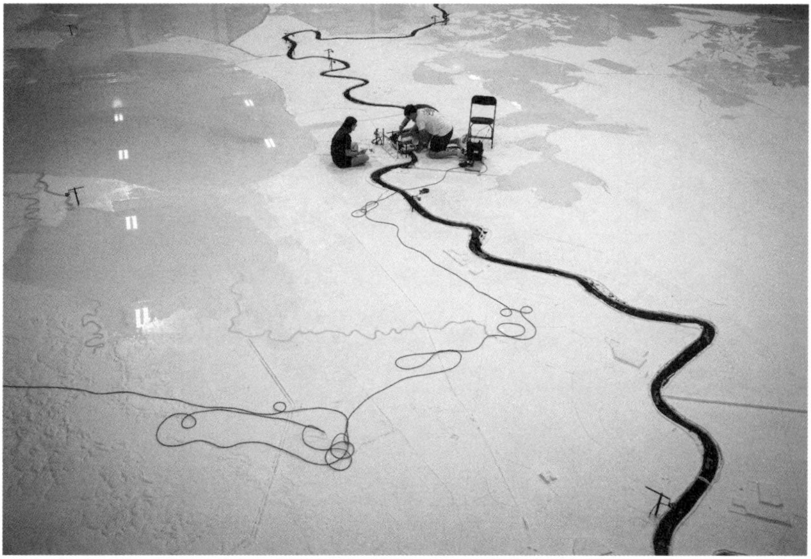

路易斯安那州立大學的縮小版密西西比河模型。

明的區域轉為一片翠綠，而墨西哥灣則變成湛藍色的。一張紐奧良的衛星空拍圖就在密西西比河與龐恰特雷恩湖間的彎曲處發亮。這個效果非常讓人驚豔，但也有點詭異，就像桃樂絲從深棕色調的堪薩斯踏入了色彩繽紛的奧茲王國一樣。

「你可以看得出來，普拉克明的陸地不多。」其中一位工程師魯迪．西蒙諾（Rudy Simoneaux）這樣說道。他穿著繡有CPRA標誌的襯衫，圓形標誌的左邊是溼地植物，右邊則是海浪，中間隔著一道黑色的防汛牆。「看著模型，再意識到我們離水有多近，這其實挺嚇人的。」

那天晚上，西蒙諾跟他的同事布萊德．巴斯（Brad Barth）要在普拉克明舉行一場公開會議，所以大家欣賞了一陣子縮小版的密西西比河後，就開始要辦正事了。我們的目的地是位於「鳥趾」北方十六公里的布拉斯（Buras）。在我們抵達堂區政府所在的貝拉切希（Belle Chasse）時，還來得及買「窮孩子牡蠣三明治」（po'boys）當午餐。我們繼續沿著23號州道往南開，這也是堂區西岸唯一的直達道路。我們路過一間菲利浦66（Phillips 66）的煉油廠、一個柑橘苗圃，與一片如撞球桌般平坦、翠綠的原野。

普拉克明堂區大部分都位於海平面之下——有時也會說是在「六呎之下」[2]。當地人能這樣生活，要多虧了總共四組的堤防。其中兩組就建在河流沿岸；另外兩組（又名為

「後方堤防」）則建在堂區與墨西哥灣之間，以防止海水湧入。這些堤防不只要防止水進入，也要把水留起來。當它們被沖破或淹過的時候，淹水的普拉克明看起來會像一對裝滿水的細長浴缸。

普拉克明不僅遭到從布拉斯登陸的卡崔納颶風蹂躪，幾週之後，又被墨西哥灣有史以來最強的颶風莉塔（Hurricane Rita）襲擊。在遭受雙重颶風侵襲的幾個月內，沖上岸的漁船阻斷了23號州道。死掉的母牛卡在樹上。為了應對下一場災難，堂區中的公共建築都矗立在難以想像的高地基上。比方在其他學校可能會有體育館或位於一樓的學生餐廳，但換作南普拉克明高中，卻有一塊足以停放半掛式卡車隊的空地。（這所學校的吉祥物是旋轉的颶風。）許多堂區內房屋的地基都有抬高。我們經過的其中一棟房子抬得特別高；西蒙諾估計，這棟房子的地基大約有九．一公尺。

「這真的高到不行。」他說。我們沿著河開車，但是車是行駛在堤防內，所以有好一段車程我們都看不到密西西比河。但三不五時，會有船出現在眼前。若從用路者的角度看，船會有如齊柏林飛船一般浮在空中，而非水上。

2 譯註：埋葬棺木的深度。

在愛若頓（Ironton）鎮附近，西蒙諾駛離州道，開上一條碎石車道。我們停下車後，辛苦爬過一些鐵絲網柵欄，便進到一片環境骯髒的地帶。那天很悶熱，地上遍布水坑，四周瀰漫著東西腐爛的氣味。蒼蠅懶散地在午後潮溼的空氣中嗡嗡飛舞。

我們所站之處是名為BA-39工程的一部分。西蒙諾向我解釋，就像三角洲的其他部分，BA-39是密西西比河孕育出來的，只是方式比較與眾不同。「想像你把一個二．四公尺長的鑽頭放在河底。」他說。當鑽頭一旋轉，就會挖出泥沙。接著，巨大的柴油幫浦會將泥漿從直徑為七六公分的鋼管中噴出。這條管線長約八公里，從密西西比河的西岸起，一路橫越堤防、經過23號州道的地下、穿過幾座養牛的牧場、越過「後方堤防」，最後抵達巴拉塔利亞灣的一處淺盆地。淤泥就堆在那邊，直到推土機將之鋪平。

BA-39工程證明了（雖說也不是真的需要進一步的證據）若有足夠的管線、幫浦與柴油的話，工程可以做到什麼地步。有將近七十六萬立方公尺的沉澱物經歷過這段八公里的旅程，創造出——或者精準點說——重新創造出七五．三萬平方公尺的沼澤地。如此一來，我們可以享受洪水帶來的所有紅利，但又無須承擔麻煩的副作用：淹水的柑橘園、溺斃的人，與掛在樹上的母牛。「我們將數百年土地生成的工作，壓縮在一年的時間內便大功告成。」西蒙諾如此總結。此計畫預算為六百萬美元，我算了一下，這代表我們腳下這一畝地價值相當於三萬美元。CPRA有個標題有點累贅的「全面總體計畫」，呼籲應多加執行數十個這樣的「創造沼澤」計畫，而且每個計畫都標價上百萬美元，有的甚至要上千萬美元。但路易斯安那州正陷入與紅皇后的競賽[3]中，必須要以兩倍速移動，才能保持原貌。為了要追上土地流失的速度，州政府必須每九天就產生新的一塊相當於BA-39工程大小的土地。同時，鑽頭移除、幫浦關閉且管路一運走之後，這個人工沼澤就已開始脫水並下沉。根據當局的預測，再過十年後，BA-39就會再度沉入水中。

我們在下午三點左右抵達布拉斯，並在一個宣傳「凱焉（cajun）式釣魚探險」的招牌前轉彎。招牌上印有跳到空中的鴨子和魚，這些動物貌似受到某種爆炸的驚嚇。在棕櫚樹林後方，有一棟三角形小屋，屋後建有游泳池。

釣魚與狩獵的嚮導兼小屋主人雷恩・蘭柏特（Ryan Lambert）出來迎接我們。「我想教導大家別去聽政令宣導，」他說，並解釋他為何志願主辦今晚的聚會，「我想讓大家親

3 譯註：典故出自《愛麗絲夢遊仙境》，指的是一個人必須盡力不停地跑，才能維持在原地。

眼看看。」為了達到此目的，他還帶領一隊小船，載著與會者到密西西比河上。我加入了一組人，其中也包含當地福斯新聞（Fox News）的記者與蘭伯特的大黑狗。

水上的溫度大約比岸上低了十度。一陣狂風把狗的耳朵吹得像旗子一樣飄動起來。我們碰上另一艘船的尾流，那位福斯的記者為了要平衡肩上的攝影機還差點落水。

與普拉克明的西岸不同，那邊的堤防會一路延伸至「鳥趾」；若這個堂區真的是條手臂的話，那麼東岸的堤防到了手肘處就沒有繼續蓋了。在手肘以南，河水會規律泛濫。有時，河水會切出新的水道，將水與沉澱物帶往新的方向，在過程中也生成新的土地。

「你眼前看到的一切，過去都曾是開放水域，」在我們駛過一片綠地時，蘭伯特說道，「而現在則是一片鬱鬱蔥蔥。」他的鏡面太陽眼鏡反射出傍晚的夕陽與茶色的河水。

「快看那些新生的柳樹！」他大叫，同時一手操控著槳，另一手對其他人比出手勢。「快看那群鳥！」福斯的記者問起這個地方叫什麼名字。

「很難說這裡有什麼地名，因為根本還沒人取名，這裡是全新的地方，」蘭伯特說，「這可是世界上最新的土地！」

我們加速駛出這個無名的牛軛湖。就在我們疾駛而過時，一隻在木頭上曬日光浴的大型短吻鱷噗通一聲掉入水中。「很美好，對吧？」蘭伯特又說道，「來到這裡讓我覺得舒服。去到西岸只讓我想吐。」這塊新生沼澤散發著剛除過草的青草地的芬芳。我看到遠處有大型鑽油平台的輪廓，就在在墨西哥灣上。

後來我們回到西岸的小屋裡，會議正準備開始。在一間以麋鹿頭、松鼠標本，以及幾條入水姿態的魚裝飾的房間中，有人已架設好一個螢幕。大約有五十個人聚在這裡，有些人坐在沙發上，其他人則靠在麋鹿與魚下方的牆壁上。

巴斯先以投影片開場。他解釋該地區的地質生成脈絡——數百萬年以來，隨著密西西比河四處泛濫肆虐，形成了一個又一個三角洲。接著他提出一個問題：兩百萬人要如何在這個逐漸隱沒的地區生存？他指出，土壤流失的問題在大家的後院尤其嚴重。普拉克明周圍的面積已經縮小了大約一八一三平方公里。

「我們正處於一場與海平面上升與陸地下沉的苦戰中，」巴斯說道。CPRA會持續鑽地與鋪設管道。「我們會盡全力從河中挖出沉澱物。」他承諾。但BA-39工程的規模與當地人面臨的挑戰相比，根本是小巫見大巫：「我們必須更大膽才行。」

當密西西比河沖過堤防（無論驅力是自然或人為的），開口處都稱為「決口（crevasse）」。在紐奧良的歷史中，這個詞幾乎就是災難的同義詞。

在一七三五年，從決口湧入的洪水幾乎淹沒了整個紐奧良地區，而當時的紐奧良只有四十四個街區。一八四九年，洪水從索維決口（Sauvé's Crevasse）淹入這座城市。一個月後，《皮卡尤恩日報》（*The Daily Picayune*）的記者從聖查爾斯飯店的圓頂上環視紐奧良地區，他的觀察是：「這裡是一片水域，零星分布著無數的房舍。」一八五八年，路易斯安那州的堤防出現四十五個決口；一八七四年，四十三個；到了一八八二年，則有兩百八十四個。

而在聞名後世的「一九二七大洪水」裡，就產生了兩百二十六個決口。這場洪水在六個州淹掉將近七萬平方公里的土地，並導致五十萬以上人口流離失所，估計造成約五億美元的損失（相當於今日的七十億美元），也成了某種非常潮溼的「分水

THE CREVASSE, VIEWED FROM THE LEVEE.

時人筆下描繪的索維決口。

嶺」。「當天一早我起床時，是無法走出房門的。」貝西・史密斯（Bessie Smith）在〈回流藍調〉（Backwater Blues）中哀嘆。

在「大洪水」過後，國會的對策是要以國家力量控制密西西比河沿岸的洪水，並將此工作委由美國陸軍工兵部隊執行。時任路易斯安那州資深參議員的約瑟夫・蘭斯戴爾（Joseph Ransdell）將一九二八年《洪水控制法案》（Flood Control Act）稱為「創世以來最重要的一項水文立法」。工兵部隊延長了堤防——在四年內增加四〇〇公里——並且也進行強化工程。（堤防的高度平均增加了〇・九公尺，而體積則幾乎增加一倍。）工兵部隊也加了新的設施：溢洪道，其中就包含波納卡里溢洪道。當河水氾濫時，溢洪道的水門會開啟，以減輕堤防的負擔。有一首稱頌美國陸軍工兵部隊功勞的詩作宣稱：

此計畫是工程界的傑作
出自專家構想、精心斧鑿的堤防
防洪牆、溢洪道與其他的大改變
融匯而成這項濟世計畫

這項「濟世計畫」也讓河水決口的時代走向尾聲。但河水泛濫的終結也表示不再有新的沉澱物。路易斯安那州立大學的地理學家唐納・戴維斯（Donald Davis）曾精簡歸納：「成功控制密西西比河；土地會流失；環境因而改變。」

CPRA拯救普拉克明的「大膽」計畫，是要在後決口時代讓決口重新復興。他們預備要在密西西比河的堤防上打出八個大洞，並在主要支流阿茶法拉亞河（Atchafalaya）的堤防上也打兩個洞。這些開口處也會建出水門與連接水道，而水道本身同樣會築起堤防。CPRA偏好將這些工作描繪成某種形式的修復：一種「重新建立自然沉積過程」的方法。但這種說法只有在你將「河水通電」也稱為自然的時候，才可能為真。

其中距離最遠的人工決口，是名為「中巴拉塔利亞沉澱物分流（Mid-Barataria Sediment Diversion）」的工程。這個分流設施將有一八三公尺寬、九公尺高，工程所需的水泥與拋石（riprap）足以鋪滿相當於紐約格林威治村（Greenwich Village）那麼大的範圍。這項工程的起點是密西西比河的西岸、布拉斯上游約五十六公里處；接下來的工程顯然是要對抗既存河道，他們要再蓋出一條筆直向西通往巴拉塔利亞灣、長約四公里的分流道。一旦設施完全啟用，每秒就會有二二五〇立方公尺的水流過。若以流量來計算，這會是美國第十二大河流。（找個可以比較的參考值：哈德遜河〔Hudson River〕平均流量是每秒六〇〇立方公尺。）這樣的工程前所未見。「它是獨一無二的。」巴斯跟我說。

目前預估，此工程預算為十四億美元。下一個計畫中要興建的分流設施預備在普拉克明東岸的「中布里頓（Mid-Breton）」動工，要價八億美元。這兩項工程的經費應該會從英國石油（BP）漏油事故的和解金中撥款。二〇一〇年，英國石油在墨西哥灣洩漏出大約三百萬桶量的石油，污染了從德州到佛羅里達沿岸的海域。（後續另有八條分流設施，工程規畫仍處於前期階段，資金也尚未到位。）

許多普拉克明的居民跟蘭柏特一樣，都很喜歡分流設施的計畫，認為這是堂區最後、也是最大的希望。「一切都與沉澱物有關。」亞柏庭・金波（Albertine Kimble）跟我說。她是計畫的強力支持者，也是在這個堂區中少數住在堤防外的人。但也有些人反對。在布拉斯會議的幾週前，普拉克明堂區的首長曾向CPRA公開宣示：他拒絕批准CPRA在分流設施預定地進行土壤採樣。但CPRA仍不顧反對，在州政府軍的護衛之下，完成土壤採樣。

在「凱焉式釣魚探險」的場地，巴斯播放了數張投影片，以展示「中巴拉塔利亞分流道」的走向與建設方式。一支用來呈現建設過程的動畫也顯示出此工程有多麼複雜而難以理解，包括必須遷移火車軌道、改變23號州道的路線，還要利用浮動裝置來組裝巨大的水門。巴斯解釋，工程完工後，CPRA便得以具備模擬洪水的能力。當水位上升、夾帶大量沙子時，水門就會開啟。滿載沉澱物的河水就能經由普拉克明流入巴拉塔利亞灣。幾年之後，一旦累積了足量的沙子與淤泥，就會開始形成半永久的陸地。這樣的分流是由河流本身帶動，而非幫浦。跟BA-39這類工程不同的是，這些設施能年復一年運輸沉澱物。

「我們在討論沉澱物分流時，最主要的目的知道是什麼嗎？」巴斯說，「是要提升沉澱物的量，但減少活水量。」

房間角落有一名男性舉起手。「假設工程真的動工，」他說的是中巴拉塔利亞分流道，「那可能造成怎樣的損害？」儘管巴斯提出保證，但這位男性擔心有多少水會被導入盆地，又會怎麼影響休閒漁業。「雲紋犬牙石首魚（speckled trout）會消失。」他宣稱。「若是自然形成的決口，那我欣然接受，」他說，「但若是有人類介入，結果通常都不大好。這也是我們今天處於這種境地的原因。」

不久之後，天氣將會變熱。

又是個悶熱的日子，我再次回到紐奧良，與海岸地質學家艾力克斯・科克勒（Alex Kolker）碰面。科克勒在路易斯安那大學海洋聯盟（Louisiana Universities Marine Consortium）任教。他有個教學相關的副業，那就是有時會在城市中舉辦單車之旅。跟傳統以鬼怪、巫毒與海盜為特色的熱門路線相比，他的行程強調的是水文。他同意帶我走一次路線，但也警告我得要很早出發，因為一到中午，城市的街道會活像個蒸氣室。

「這座城市大部分是靠河流才得以建成的，」我們一邊從仍然靜謐的花園區出發時，科克勒一邊向我說明，「簡言之：城市中的高地都在河流附近，而低地過去都是沼澤與草沼。」我們沿著約瑟芬街（Josephine Street）向北騎，遠離了密西西比河，路面也隱約向下傾斜。路旁的建築從高樓大廈變成屋況新舊程度不一的獵槍小屋（shotgun houses）。

科克勒在一個大坑洞前停了下來。雖然大坑洞上已鋪過柏油，但在柏油上面又出現了新的坑洞。「地層下陷有不同的規模，」他說，「其中規模最大的，是由舊草沼開始下沉所造成，而比較小規模的就像這樣。」我們再往前騎一點，碰上了一個像砲塔般突出地面的人孔蓋。

「這個人孔蓋很有可能已經固定住了，這麼一來它就不會下沉，或至少不會跟土壤下沉的速度一樣快。」科克勒解釋。附近還有一面告示牌，上面有「逃生路徑」幾個字。

在受眾主要為觀光客的正面描述中，紐奧良因為沿河而建，形成了特別的曲線，故稱為「新月之城（Crescent City）」；或者因為城市中那種放鬆氛圍，有時也稱為「大輕鬆（Big Easy）」。但若是談及較灰暗的城市前景，居民便會用「碗」來形容它。現今，這個碗的大部分地區都位於海平面之下——有些地方甚至低於海平面四．六公尺。當你身處這座城市中，很難以想像腳下的整片土地都在下沉，但事實就是如此。一篇近期研究透過衛星資料發現到，紐奧良的某些地區，每十年就下沉將近十五公分。「這是地球上下沉速度最快的地方之一。」科克勒提醒。

一路上我們又停了幾站，欣賞不同的沼澤地與窪地。「那裡有個天坑！」——我們抵達了位於波德摩（Broadmoor）的墨爾波墨涅泵站（Melpomene Pumping Station），這個地勢低窪的街區有時也被稱為「洪水多（Floodmoor）」。泵站的大門深鎖，但透過窗戶我看到像是火箭的東西並列置放。這些機器是「伍德螺桿泵（Wood Screw Pumps）」，以其發明者包德溫．伍德（A. Baldwin Wood）的名字命名。一九二〇年，當人們還對工程的力量充滿無比信心時，伍德為他的設計申請了專利。

「紐奧良的排水問題非常嚴重，」該年五月的《物品》（*Item*）雜誌頭版文章這麼寫道，「為了解決問題，紐奧良打造出世界上最偉大的排水系統。」

「我們人每天都在力克自然，」這篇文章宣稱，「人類扭轉了密西西比河，讓河水流向它們不想去的地方。」

一九二〇年，紐奧良人擁有含墨爾波墨涅在內的六個泵站，數量傲人。這些泵站將「舊的草沼」抽乾，並改造成湖景區（Lakeview）與詹特里區（Gentilly）等新的社區。目前這裡一共有二十四個泵站，並有一百二十個幫浦在運作中。每當暴風雨來襲，雨水會輸送到威尼斯運河般的水道中，接著會再流向龐恰特雷恩湖。若沒有這個系統，城市中的很大一部分將快速變得不宜人居。

但紐奧良這些世界級排水系統就跟他們世界級的堤防系統一樣，都是某種特洛伊木馬式的解方。由於草沼的土壤會因脫水而變得扎實，從地底抽水便加劇了這項急需解決的問題。愈多水被抽出，城市就下沉得愈快。城市下沉愈深，就需要抽出愈多的水。

「抽水是背後的一大關鍵，」當我們坐回被汗水浸溼的單車上時，科克勒跟我說，「這會加快下沉的速度，而問題就這樣不斷循環下去。」

我們繼續騎著，對話也轉到卡崔納颶風上。科克勒是在颶風侵襲約十八個月後搬到紐奧良的。他記得風災的好幾年之後，在大多建築的牆上，都還能清楚看到「浴缸環

（bathtub ring）」——洪水在全市各地留下的污漬。

「我們準備要進入低於海平面一．五到二．四公尺的地區了。」他在某個地點這麼跟我說。

雖然卡崔納颶風規模大得異常，但離最糟的情況還有一段差距。二〇〇五年八月二十九日清晨，當卡崔納向北移動的時候，颶風眼已經越過城市的東邊。這表示東邊的城鎮如密西西比州的威夫蘭（Waveland）與帕斯克里斯丁（Pass Christian），正遭到狂風侵襲。短時間內，紐奧良似乎逃過一劫。

但暴風雨將水帶入城市東部邊陲的水道網絡裡。這些水道——包含工業運河（Industrial Canal）、墨西哥灣沿岸水路（the Gulf Intercoastal Waterway）與密西西比河－墨西哥灣出口運河（Mississippi River–Gulf Outlet，俗稱為「Go先生〔Mr. GO〕」）——都是為了運輸而開鑿，負責提供從河川到大海的捷徑。早上七點四十五分左右，工業運河的堤防失守，高達六公尺的洪水因而沖毀了下九衛地區（Lower Ninth Ward）。在這個居民以黑人為主的社區裡，有至少七十人喪生。

奔騰的洪水也湧入龐恰特雷恩湖。隨著颶風往內陸前進，這些水也被迫要向南移動，從湖中流往城市的排水運河。這種情況所造成的效果，就像把游泳池的水排到客廳一樣。沒過多久，十七街與倫敦大道運河的防洪牆就被沖破。到了隔天，有百分之八十的「碗」都浸在水中。

成千上萬的人在暴風雨來臨前就撤離了紐奧良。因為城市浸在水中，他們不知道自己何時能夠回家、是否應該回家。在颶風侵襲的一週後，關於是否「不用重建沉在水中的紐奧良」的想法也躍上《石板》（*Slate*）雜誌頭條。

《華盛頓郵報》（*The Washington Post*）的一篇社論宣稱：「是時候面對地理環境的現實，並仔細規畫紐奧良的退場機制了。」這篇社論的作者克勞斯・雅各（Klaus Jacob）是名地球物理學家和危機管理專家，他提出一個臨時解方，建議將紐奧良的部分地區轉變成「船屋之城」。這麼一來密西西比河就可以再度泛濫，「把新鮮的沉澱物填入這個『碗』中。」（雅各接著又警告，到了二〇一一年，紐約的地鐵將會因為暴雨而淹水，這個預言在隔年颶風珊迪〔Superstorm Sandy〕侵襲時成真。）

由紐奧良市長所任命的顧問小組也建議，只能開放城市的高地——那些位於河流周圍，以及詹特里與梅泰里山脊（Gentilly and Metairie Ridges）以上的地方——重新住人。接著還要進行公開的規畫程序，決定哪些低窪的街區能再住人，哪些要拋棄。

讓城市的部分地區重返水域的提案紛紛出爐，但也一一遭到回絕。從地球物理學角度來看，撤退很合理；但若從政治的角度而言，卻絕對不可能做到。因此工兵部隊又再次受託去加強堤防，這一次是要防止來自墨西哥灣的暴風雨。在城市的南邊，美國陸軍工兵部隊蓋出世界上最大的幫浦站，這是價值十一億美元的「西部封閉綜合設施（West Closure Complex）」工程的一部分。在幫浦站的東邊，有道名為「伯格尼湖防波堤（Lake Borgne Surge Barrier）」的水泥牆，共有三．二公里長，厚度達一．七公尺，並耗費了十三億美元。工兵部隊在密西西比河－墨西哥灣出口運河上蓋了一堵約二九〇公尺長的石頭水壩，並在排水運河與龐恰特雷恩湖之間，設置了大型的閘門與幫浦。位於十七街運河底部的幫浦站每秒能夠輸出三四〇〇立方公尺的水，流量比台伯河（Tiber River）還多。

這些古埃及風格的建物讓紐奧良安然度過近期的幾次暴風雨，從某種觀點來看，與卡崔娜颶風侵襲時相比，現在的紐奧良獲得更多實質的保護。然而，這些看似防禦措施的建物從另一種角度來看，卻像是某種陷阱。

「我們必須要重新填補海岸，」紐奧良前副市長傑夫．赫伯（Jeff Hebert）跟我說，「因為若海岸消失，紐奧良也會跟著消失。」在決口期結束之後，土地流失讓這座城市離墨西哥灣近了大約三二公里。據估計，颶風每在陸地上多移動四．八公里，所帶來的洪水就能少〇・三公尺。若是這樣，颶風為紐奧良帶來的洪水威脅就高了二・一公尺。

「儘管你想用乾草叉驅逐自然，」霍勒斯（Horace）在西元前二十年寫道，「自然總是會回歸，而且會在你有所察覺之前，就帶著勝利的姿態打破你的自負與輕蔑。」

在這趟下沉區之旅的尾聲，科克勒跟我騎過法國區（French Quarter），雖然天色尚早，但許多手拿飲料的旅客已擠滿了街道。在沃登堡公園（Woldenberg Park）中，我們登上堤防，朝阿吉爾斯（Algiers）的方向俯視著密西西比河。

我問柯克勒對未來的看法。「海平面會持續上升。」他說。普拉克明的分流設施能把一些土壤帶入城市以南的草沼；而像BA-39那種比較傳統的疏浚工程也有相同效果。「但我認為沒有獲得重建的地區會遭遇日益頻繁的洪水。溼地會持續流失。」科克勒預測，這座曾有新奧爾良島美稱的城市在接下來幾年「真的會益發像座島嶼。」

泰勒博恩堂區的尚查爾斯島（Isle de Jean Charles）位於紐奧良西南方約八十公里處，也早於紐奧良數十年就存在了。通過一條狹窄的堤道就能抵達這座島，而這條堤道以前甚至還貫穿了全島。若時間選得好，現在可以在車上直接釣魚。

「春天的時候，只要吹南風，路上就會有水。」博約・比略特（Boyo Billiot）跟我說。我們當時就站在他從小長大的自家後院，他母親仍住在那裡。他家位於三．六公尺高的地基上。幾面美國國旗就在高懸的門廊上飄揚。那時是冬天，也是獵鹿季節末尾。比略特穿著偽裝服，手機不斷發出聲響，因為他的打獵夥伴想知道他人在哪裡。

比略特的身材魁梧，聲音沙啞，留著斑駁的山羊鬍。他的族譜可上溯到十九世紀初為這座島命名的尚．查爾斯．納昆（Jean Charles Naquin）。（有一位同名同姓的人則是海盜尚．拉菲特〔Jean Lafitte〕的夥伴。）納昆的兒子尚．馬里（Jean Marie）跟原住民女性結婚，並在父親與他斷絕關係之後，逃到這座島上。尚．馬里的兒女依序與三個在地部落的人婚配，分別為：比洛希（Biloxi）、奇蒂瑪洽（Chitimacha）與丘克陶（Choctaw）。他們的後代大多都留在島上，形成一個關係緊密、多為自給自足的社會。

「他們在那邊住了許多年，但沒有其他人知道那裡有住人，」比略特跟我說，「美國經歷大蕭條（the Great Depression）時，他們對此一無所知，因為對他們沒有影響。」

比略特生長於一九五〇年代的尚查爾斯島，他說話時會混用凱焉式法語（Cajun French，又稱路易斯安那法語）與丘克陶語。「當時，從島頭到島尾的每個人都認識彼此。」他回憶道。至今島上的人主要靠漁業、養殖牡蠣與捕獵維生。他的父親有一艘捕蝦船，就停在他們家門口。在以前那段日子，有一條很長的牛軛湖貫穿這座島嶼，當地人會在那裡捕蟹。那條剛蓋好的路沒什麼人用，因為島上有自己的雜貨店。

但如今，商店都已關門。島上大約剩下四十棟房子，多數都蓋在地基上，且許多都荒廢已久。比略特還小的時候，尚查爾斯島的面積就從九〇．六平方公里縮至一．二九平方公里——流失了超過百分之九十八的土地。

讓這座島嶼消失的背後因素都很尋常。它所屬的古代三角洲的土壤變得緊實，而海平面正在上升。在二十世紀初，因為諸多控制洪水的措施，這座島失去了獲得新生沉澱物的主要來源。接著石油工業進駐此地，得要在溼地上開鑿水道，水道又引入海水讓鹽度上升，便導致蘆葦與草沼棲地上的植物死亡。少了植物以後，水道因此變得更寬，便引入更多海水，然後就造成更多的植物死亡，以及更寬的水道。

「這就像以前在用錄影機時，你會一直按著快轉鍵，直到你想看的電影片段出現為止。」比略特的女兒香特爾．柯瑪黛爾（Chantel Comardelle）跟我說。她坐在比略特母親（她用法語叫她「Maman」）墊高的房子裡的廚房中，幾面牆上都掛滿了家族的照片。「這些水道就像是在這個問題上按下了快轉鍵。」

在一九八〇年代，接二連三的颶風淹沒了比略特與柯瑪黛爾所居住的拖車，於是他們跟其他的近親都搬離這座島。接下來，暴風雨每侵襲一次，就會多一塊土地流失，也促使更多家庭離開。二十一世紀初，政府在尚查爾斯島剩餘的陸地周圍築了一圈堤防。這些堤防讓原本能捕魚、捕蟹的牛軛湖變成一道狹窄、凝滯的池塘。在堤防內，土地流失的速度變慢了。但在堤防外、道路兩旁，問題變得更嚴峻。

但縱然事已至此，還是有辦法採取措施去保護尚查爾斯島剩餘的陸地。有一項名為「莫干札到墨西哥灣（Morganza to the Gulf）」的颶風防衛工程案正在起草中，而且範圍可能延伸到把這座島包納其中。然而，工兵部隊不建議進行更多工程。因為若延伸至尚查爾斯島，這個十億美元預算的工程會再增加一億美元的費用，但卻只能保護一．二平方公里宛如水鄉澤國的土地。同樣的金額，在芝加哥能買到五倍大的土地。

這座島嶼的居民以及那些搬離的家庭，其實就是「尚查爾斯島所屬比洛希－奇蒂瑪治－丘克陶部落」的所有成員。柯瑪黛爾是這個部落的祕書，比略特則是副酋長，而比略特的叔叔是部落酋長。隨著大家逐漸接受這條道路——以及最終——這座島嶼本身都將被水帶走的事實，他們開始制定一個將社群全體移往內陸的計畫。為執行第一階段的建設，部落申請了五千萬美元的聯邦補助，並在二〇一六年獲得經費。然而在我造訪此地時，這筆錢陷在州政治的泥淖中，沒有人知道會發生什麼事。

在我散步路過貼著「禁止進入」告示的空屋時，我看得出這座島嶼「計畫性退場機制」的經濟邏輯。同時，社會不平等的現象也顯而易見。比洛希人和丘克陶人打從先祖更東方的土地被剝奪之後，便來到路易斯安那州。尚查爾斯島部落之所以能夠安然住在島上，只是因為這座島太過孤立，而且太不具經濟利益，沒人會想來分一杯羹。部落在石油水道開鑿或「莫干札到墨西哥灣」的工程規畫中毫無置喙的餘地。政府的密西西比河治水工作也未將他們納入考量；現在，為了對抗從舊有水利措施衍生出的後果而提出了新的辦法，他們也沒能參與其中。

「有點難想像未來沒人住在這裡的景象，」比略特跟我說，「但我已經看到這座島日漸被侵蝕消逝。」

從遠處看，「老河控制輔助結構物（Old River Control Auxiliary Structure）」像是一整排耳朵相連的人面獅身像。這個結構物長一三四公尺、高達三〇．五公尺。若你離得夠近，就會看到人面獅身像的頭其實是起重機，而臂部則是鋼製閘門。如果真有哪個工程創舉能制服密西西比河——讓它「流向它不想去的地方」——長達數世紀之久，那麼可能就是這個輔助結構物了。跟建造來阻擋洪水的堤防或溢洪道不同的是，輔助結構物是用來對抗時間的。

它位於巴頓魯治上游約一二八公里一片廣闊的平原上。大約五百年前，密西西比河在這附近轉了個彎，製造出一種水文學上、同時是命名學上的小混亂。這個曲流把密西西比河帶往遙遠的西邊，並且流入阿茶法拉亞河，當時它是另一條紅河（the Red）的支流，而紅河本身又是密西西比河的支流。由於阿茶法拉亞河與原先密西西比河的最後幾百公里相比更為短且陡峭，這樣的變化讓本來在大河中流動的水有了選擇。同樣是流向墨西哥灣，水可以循著舊的路徑，流經紐奧良與「鳥趾」，或者改道流往阿茶法拉亞河提供的快速路徑。直到十九世紀中期，因為阿茶法拉亞河上一度有大量的木頭堵塞（密度

老河控制輔助結構物。

大到可供步行通過），河水流經此路線的選擇不那麼順理成章。但隨著堵塞的木頭被人移除（用了許多手法，包含硝化甘油），愈來愈多的水便開始流出密西西比河的主流。阿茶法拉亞河的流量增加後，河道也變得更寬、更深。

在一般情況下，阿茶法拉亞河會持續變寬、變深，直到它最終變成密西西比河的下游。而這將會讓紐奧良下沉且變得乾涸，並導致許多依著河流興旺發展的工業：精煉廠、穀倉塔（grain elevator）、貨櫃碼頭和石化工廠，統統淪於毫無價值可言。這樣的結果令人難以想像，所以早在一九五〇年代工兵部隊就開始介入。他們先在之前的曲流（又名老河〔Old River〕）上蓋水壩，並開鑿兩個大型且附有閘門的水道——由他們來決定水該往哪裡流，而流量則維持著彷彿永遠停在艾森豪那個年代一般。

在親眼見到輔助結構物很久之前，我就在約翰．麥菲（John McPhee）的經典文章〈阿茶法拉亞河〉（Atchafalaya）中讀過它的事。這是一篇帶著黑色幽默的道德寓言。在麥菲的描述中，工兵部隊將他們的全心全意——以及數百萬噸的水泥——投入了預先阻止密西西比河沖決的工程中，而且還深信他們已達成目標。

「工兵部隊能讓密西西比河往他們指定的方向流。」一九七三年，在他們對老河的控制差點失控釀禍之後，一名將軍仍這麼堅稱。麥菲的文字看似表達出對美國陸軍工兵部隊的毅力、決心甚至是天賦的欽慕之情，但貫穿全文的卻是一道「逆流」。工兵部隊是不是在自欺欺人？我們呢，也是如此嗎？

「阿茶法拉亞河——」麥菲寫道，「現在這個詞在我心中或多或少會引發聯想，讓我想起人類與自然力量對抗所付出的努力——無論那是英勇或卑劣、未多加考慮或經過縝密規畫的努力——我們這個物種四處號召所有人對抗地球、去奪取自己未被賦予的東西、去擊退擁有強大破壞力的敵人、去包圍奧林帕斯山[4]腳，還要求並期待眾神會因此投降。」

在冬末一個美好的週日午後，我到了老河的控制中心。藏在令人畏懼的鐵絲網後的工兵部隊辦公室看起來空無一人。但在我按下車道旁邊的門鈴時，對講機發出聲響，接著名叫喬．哈維（Joe Harvey）的資源專家來到門口。他穿得一副彷彿馬上要去釣魚似的，腿上的褲子就塞在綠色的橡膠長筒靴中。哈維帶我去一座眺望台，那裡可以一覽輔助結構物與它的洩水道。

我們一面看著水道裡的水形成渦流，一面也聊起河川的歷史。「在一九〇〇年，大約百分之十的紅河與密西西比河的水會流入阿茶法拉亞河，」哈維解釋，「到了一九三〇年，則有百分之二十。然後再到一九五〇年，數字是百分之三十。」就是這樣的趨勢促使工兵部隊得立即介入。

「我們現在仍維持『七三分』的分流控制。」哈維說。每一天，工程師會測量紅河與密西西比河的流量，並依此調整水門。在我造訪的那個週日，他們每秒會讓約一二〇立方公尺的水流過。

「從這裡到密西西比河口大約有五〇七公里，」他接著說道，「而從這裡到阿茶法拉亞河的河口，則約為二二五公里。因為距離只有前者大約一半，所以河水會想走這條路。但如果真的這樣的話……」他說話聲音逐漸轉小。

在淺水道中，有兩個人在一艘小型動力船上釣魚，我問哈維他們能抓到什麼魚。

「喔，密西西比河的所有生物都在這裡了，」他說，「當然，現在有很多的鯉魚，這不是好現象。」

「他們一直試圖不讓鯉魚進到五大湖區，」他補充，「但在這裡，牠們無所不在。」

麥菲將〈阿茶法拉亞河〉一文收入他於一九八九年出版的《控制自然》（*The Control of Nature*）書中。從那時候開始，「控制」的涵義變得愈漸複雜，更別說是「自然」這

4 譯註：在希臘神話中，奧林帕斯山是眾神居住的地方。

個詞了。路易斯安那三角洲現在常被水文學家稱為「人與自然的耦合系統」，或縮寫為CHANS。這是個醜陋的詞彙——也是個命名學上的混亂——但已經找不到更簡潔的方式來討論我們闖下的亂子了。這條被駕馭、拉直、規訓、束縛的密西西比河依然能施展神威般的力量，但它已不完全算得上是條河了。現在很難說到底是誰制霸著奧林帕斯山——前提是真有所謂「霸主」可言的話。

Part 2

進入荒野

1

在一八四九年的耶誕節前幾週，威廉．路易斯．曼力（William Lewis Manly）爬到了一個隘口，看到「人類所能見識到最壯觀的荒涼景色。」曼力當時站的地方，是現在的內華達州西南部斯特靈山（Mount Stirling）的不遠處。他想像人在密西根家中的父母，餐桌上有「豐富的麵包與豆子」，相比之下他的處境「只有空空的胃以及乾渴的喉嚨」。當他下山時，太陽漸漸西沉，他的思緒也變得更為陰鬱。他開始哭了起來；他後來回想，那是因為：「我相信自己看到了未來，而那種結果太苦澀，令我不忍深思。」

他是因為一連串的失策而不得不在沙漠中流浪。三個月前，曼力與大約五百名探險家在鹽湖城（Salt Lake City）集合，他們計畫一起前往位於加州北方的金鄉。但在這個季節抵達鹽湖城已經太晚，他們不能走穿過內華達山脈（the Sierras）最直接的路徑。因此，為了避免被雪困住，他們向南沿著驛道前往洛杉磯。在旅途的幾週之後，他們遇到另一組要前往淘金的團體（forty-niners）[1]，是由語速很快的紐約人奧森．K.史密斯（Orson K. Smith）所領隊。史密斯帶著一張簡略的地圖，還聲稱地圖上有另一條能更快通往西部的不同道路。曼力一行人決定要跟隨史密斯，不過在幾天之後多數人就走了回頭路，他們發現這條路被一道很深的峽谷給擋住，而馬車是無法通行的。（沒過多久，史密斯自己也調頭了。）但曼力與剩下的十幾個人決定沿著那條隱密的捷徑勇往直前。

他們很快就發現，那道峽谷帶來的麻煩根本最輕微。一繞過峽谷，就會來到這塊大陸上最不宜人居的地帶之一：布滿岩石的荒原，可能此前都未曾有白人踏足過。（一個世紀以後，此處許多地方會用於核武試驗。）這邊的水很稀少，找到的也常常是鹹到不能喝的水。牛的草料很少，所以牠們變得懶散又憔悴。曼力注意到，當他們把其中一條牛宰來當食物吃時，牠的骨頭裡裝的不是骨髓，而是鮮紅的液體，「就跟腐爛沒兩樣。」

跟曼力同行的，是一位帶著太太與三個小孩的朋友。曼力的角色有點像是嚮導，會走在車隊之前，先徒步去前方觀察。他帶回營地的報告都讓人沮喪，不久之後，他的

1 譯註：因加州淘金熱移民的高潮落在一八四九年，所以這些淘金者也被稱為四九人（forty-niners）。

朋友要他閉嘴；因為他太太已經承受不住了。當隊伍接近死亡峽谷（Death Valley）——這片沙漠當時還未標在地圖上——他們的心情更是格外低迷。在曼力崩潰流淚幾天之後的某一晚，一個坐在營火旁的男性將這個地區形容成「造物主的垃圾場（Creator's dumping place）」，因為祂把「創造世界後的廢渣都留在這裡。」另一個人認為，這裡一定就是「羅德的妻子變成鹽柱的地方，」但那支鹽柱已「崩裂且四散各處。」

到了死亡峽谷的邊緣，一行人暫時提起了精神。他們在某處岩壁中意外發現內有一池溫暖、水質清澈的池水的洞穴。有些男人泡入水中；其中一人在日記中寫下，他「很享受泡了這讓人渾身舒暢的澡。」曼力朝水中看了一眼，注意到事有蹊蹺。池塘旁邊都是石頭與沙子，與其他水源都有數公里之遠，但卻有魚悠游其中。數十年後他還記得，這些「小魚」每隻的長度「都不超過二．五公分。」

這群淘金客巧遇的洞穴，就是後來著名的「魔鬼洞（Devils Hole）」，而這些「小魚」即為「魔鱂（Devils Hole pupfish）」，學名是*Cyprinodon diabolis*。魔鱂就跟曼力所描述的一樣，長度約為二．五公分。魚身是寶藍色的，而相對於體型而言，黑色眼睛與頭部則很巨大。牠們沒有一般鱂科魚類會有的腹鰭，所以很好辨別。

但魔鬼洞的魔鱂從何而來，一位生物學家說這是個「美麗的謎題。」從地質學角度來看，這個洞穴非常奇異：它通往深埋在地底那廣大且有如迷宮般的蓄水層，而且那些水是從更新世（Pleistocene）就遺留至今。魔鱂的祖先似乎不大可能經由蓄水層來到此處；因此魚類學家得出的最佳推測是，魚兒是在這整個區域比較潮溼時被沖進魔鬼洞裡。這個十八．三公尺寬，二．四公尺深的水池就是魔鱂的唯一棲地。一般認為這裡是地球上的脊椎動物棲地中，範圍最小的一處。

我第一次聽說魔鬼洞，是因為在這裡發生的一起犯罪事件。二〇一六年春天一個溫暖的晚上，三個明顯喝醉的男子爬過圍在洞口的鐵絲網柵欄。其中一人射擊了一台監視攝影機，攝影功能固障後他便脫掉衣服跳入水中，任內衣漂浮在池水上。另一個人則吐了。隔天，有人發現有隻魔鱂死亡，並對其進行驗屍，也因此他們被以重罪起訴。警方後來公布監視器畫面，我也看了好幾遍。有幾個斷斷續續的畫面，拍下他們開著全地形車撞向柵欄。接著，水中鏡頭拍到幾個模糊的畫面，有兩隻腳走在岩礁上，踢著泡泡。

關於這樁案件的一切——替魚兒驗屍、郡級監獄等級的保全系統、被放逐到莫哈維沙漠（Mojave）的小魚——都很吸引我。我開始涉獵相關書籍，並偶然讀到曼力的自傳：《一八四九年的死亡峽谷》（*Death Valley in '49*）。我也瞭解到沙漠魚種相當豐富、多元。沙漠魚類委員會（Desert Fishes Council）每年會在墨西哥北部或美國西部的某處召開會議；議程通常都長達四十頁。鱂魚（pupfish）之所以名為鱂魚，是因為雄性鱂魚爭搶地盤時有點像小狗（puppies）在爭鬥。光是在死亡峽谷區域，就一度有十一種鱂魚（此數字也計入亞種）。其中一種已絕種，有一種被認為已滅絕，而其他魚種則面臨存亡威脅。魔鱂可能是世界上最稀有的魚類。為了保護牠們，有人打造出一個類似魚類的「西方極樂園（Westworld）」——這個原始水池的一比一複製品，就連監視畫面中拍到裸泳者腳踩的岩礁都一模一樣。與此同時，輻射水也緩緩地從內華達州試驗場（Nevada Test Site）流往這個洞穴。我讀得愈多、想得也愈多，於是也必然要走一趟魔鬼洞。

每年會調查四次魔鬼洞的鱂魚數量。這份調查是由國家公園管理局（National Park Service）、美國魚類及野生動物管理局與內華達州野生動物部（Nevada Department of Wildlife）的生物學家團隊來執行，這些單位攜手合作（偶爾會爭吵），目的是要守護魚兒的未來。我花了點時間安排行程；出發時，剛好遇上夏季的調查，當時氣溫約攝氏四十・六度。

我與團隊在靠近洞穴、位於內華達州的小鎮帕朗（Pahrump）碰面。帕朗的主幹道兩旁有煙火專賣店、大型商場與賭場。從那裡開車到魔鬼洞要四十五分鐘，且要穿過一片由灌木叢與荒蕪地景交織而成的沙漠。

在曼力的年代，除非是整個人跌入其中，否則不大可能會注意到那個洞穴。但在今日，你不可能會錯過它，因為洞穴周邊圍著三公尺高、上面加了鐵絲網的柵欄。其中一位生物學家有打開大門的鑰匙。門後是條陡峭且溼滑的小徑。儘管驕陽高照，但洞穴底部仍籠罩在陰影中。就算到了仲夏，池水每天也只有幾小時受到日光直射。

有些生物學家拖著用來搭建貓道的金屬支架零件；另外有些人則背著潛水氣瓶。負責監督整項任務的人是國家公園管理局的生物學家凱文．威爾森（Kevin Wilson）。威爾森成年後的多數時間都在做與魔鱂相關的工作，因此大家視他為類似魔鬼洞長老的角色。（雖然魔鬼洞並非位於死亡峽谷——而是橫跨阿瑪戈薩峽谷〔Amargosa Valley〕的葬禮山區〔Funeral Mountains〕——但為了便於管理，它仍被當成死亡峽谷國家公園的一部分。）就在我抵達之前，《高鄉新聞》（*High Country News*）刊出一篇報導討論這次違法闖入事件的後續發展，文章作者就訪問到威爾森。多虧了他的努力，這些裸泳客最後都遭判刑入獄。（那個嘔吐的人則被判緩刑。）記者將威爾森塑造為英雄人物——頑強的沙漠版可倫坡（Columbo）。然而，她在文章中卻描述他是有個大肚腩且性格嚴厲的人，威爾森對這種描述仍耿耿於懷。有一次他轉過身，讓我看他腹部的側面。「這樣肚子有很大嗎？」他問。我建議的字眼是「小腹微凸」，這種形容比較貼切。通常威爾森是潛入水中的一員，但他最近沒能通過某種體能測驗——這又成為大家開玩笑的新題材了。

在所有器材都搬運到位且組裝完成後，另一位國家公園管理局的生物學家傑夫．高斯坦（Jeff Goldstein）便開始他的安全講習。若在此受傷，都得利用直升機將人員送醫救治，而且直升機要用四十五分鐘甚至更長時間才能抵達此處。「所以請各位小心，」他說。接著他請大家猜看看，我們會找到幾隻鱂魚？

「我認為會有一百四十八隻。」威爾森猜道。同樣任職於國家公園管理局的安柏．喬杜茵（Ambre Chaudoin）則猜一百四十隻。來自美國魚類及野生動物管理局的奧林．佛包爾（Olin Feuerbacher）跟珍妮．關姆（Jenny Gumm）則各自猜有一百六十隻與一百七十七隻。在內華達州任職的布蘭登．聖格（Brandon Senger）猜測會有一百五十五隻。據我了解，喬杜茵與佛包爾是夫妻。佛包爾跟我說他是在魔鬼洞求婚的。威爾森聽到後便佯裝想吐的樣子。

魔鬼洞的水潭跟公共游泳池一樣，有淺水區與深水區。只是這個水潭的深水區非常

從水底往上看的魔鬼洞景觀。

深。根據國家公園管理局的說法，這裡深度「超過一五二公尺」，但到底超過多少都只能靠猜測，因為還沒有人在抵達底部後，能活著回來回報。一九六五年，有兩名年輕的潛水員去探查之後就不曾浮出水面。據推測，他們的屍體應該還在池底的某處。在淺水區，則有一個石灰岩的傾斜岩棚，名為「架子」（the shelf），位於水面下三十公分處。魚群不僅傾向在「架子」上產卵，這裡也是他們主要的攝食地。

穿戴面罩、氧氣瓶、短褲與T恤的高斯坦與聖格潛入水下，幾秒之後他們就消失在黑暗之中。與此同時，喬杜茵、佛包爾與關姆趴在貓道上，計算著「架子」上的魚兒數量。當他們喊出數字時，威爾森會記在一份特別的表格上。

數算完「架子」上的魚兒之後，所有人都退回陰影中，等待潛水的人回到水面。躲在裂縫中的小貓頭鷹發出尖叫聲。太陽從洞穴的西側緩緩落下。「別忘了喝水。」威爾斯告誡大家。我注意到水潭邊的岩石上有道水痕環繞，我問喬杜茵那是什麼。她解釋這是因為月球引力；在我們下方的含水層非常巨大，所以也會發生潮汐作用。

雖然鱂魚只生活在水潭的表層（在二二．九公尺以下的水域極少見到牠們），但廣大的蓄水層仍形塑著這些魚的生活。沙漠中溫差很大，無論是白天、夜晚，或冬天、夏天相比皆然。洞穴裡的水經由地熱加熱，常年保持在攝氏三三．九度，溶氧量雖然少但很穩定。高溫與低氧的環境理應難以讓生物生存，而魔鰍（不知怎地）演化成能夠克服這樣的環境，而且還只能棲息於這樣的環境。一般認為魔鰍之所以演化成無腹鰭的原因是源於環境壓力：不值得為了額外的器官耗費能量。

潛水員頭燈發出的閃光終於出現，就像是搜索燈般照亮潭水。高斯坦和聖格從水中爬上岸。聖格手邊還帶著一個寫有好幾行數字的水中寫字板。

「這個板子是解開宇宙奧祕的鑰匙。」─威爾森宣布。

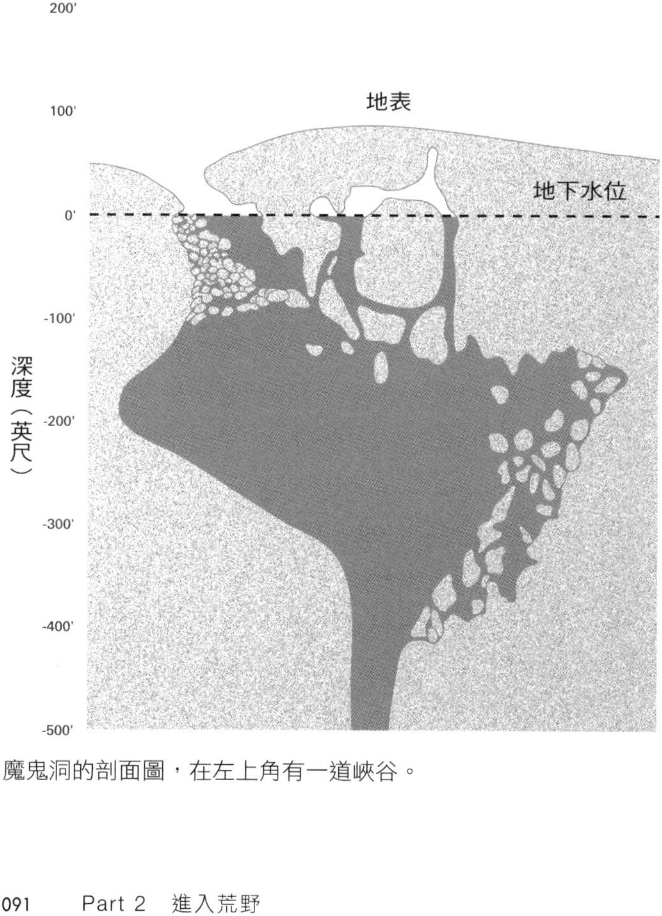

魔鬼洞的剖面圖，在左上角有一道峽谷。

所有人沿著岩石小徑往上爬，穿過柵欄的開口，回到停車場。聖格唸出板子上的數字，然後威爾森把這個數字與在「架子」上算到的數字加總：一百九十五隻。與上一次調查相比，多了六十隻魔鱂，也超過所有人猜測的數值。在場的人全都擊掌慶祝。高斯坦也表演了他的「開心小舞蹈」。

「只要有很多魚，我們就贏了。」他說道。

後來我也算了一下。魔鬼洞中魔鱂的總重約為一〇〇公克——比麥當勞的麥香魚還略輕。

當淘金客出發前往金礦所在處時，他們相信有堅定目標的人絕不會挨餓。曼力十四歲時拿到了他第一把步槍。他父親很嚴肅跟他說，這把槍「可以發射散彈，也能單發射擊。」他很快就能熟練地獵殺動物，而他獵到的鴿子、火雞與鹿都拿來為家裡加菜。在他二十歲出頭時，曼力也到威斯康辛州打獵，有一次在三天內殺了四隻熊。他吃了太多的熊肉，導致隔天都在吐。「只要我有槍與彈藥，就能獵殺到足以維生的獵物數量。」他後來寫道。一八四九年，他跟同夥一路「殺」到鹽湖城。曼力捕到一隻重量超過二二〇公斤的麋鹿，也成為「饕客的最佳美食」。

一如沒有哪個食物櫃能無限量供應食物的道理，即便曼力一路邊走邊吃，橫越了整片大陸，他這樣的行為在未來只會愈趨不可行。一八五〇年代，梭羅便為在新英格蘭滅絕的麋鹿、美洲獅、河狸與貂熊感到惋惜：「這難道不是我熟悉的那個既殘破又不完美的自然嗎？」森林裡曾有大量的野生火雞，到了一八六〇年代卻已消失殆盡。從美國大西洋岸到密西西比州，東部麋鹿（eastern elk）曾經數量繁多，但到了一八七〇年代，也都無影無蹤。群體龐大到一度足以遮蔽陽光的旅鴿（passenger pigeons）約莫在同時間被消滅；最後一次旅鴿大規模築巢（也是最後一次碰上大屠殺）的時間點為一八八二年。

「一八七〇年以前，若想要計算在過去任何時間點水牛這個物種的數量的話，那就跟計算並估測一座森林裡樹葉的數量一樣『簡單』。」曾在史密森尼學會擔任首席標本剝製師，後來任職布朗克斯動物園（Bronx Zoo）園長的威廉・赫納戴（William Hornaday）寫道。根據赫納戴的估計，到了一八八九年，「野生且未受保護」的北美野牛（bison）數量已降到六百五十隻以下。他預測再過幾年，「據我們所知，地表上將連一根骨頭都不剩，也無從證明這種繁殖能力最旺盛的哺乳類曾經存在過。

在舊石器時代，人類就已讓許多物種走入歷史，例如長毛猛瑪象、長毛犀牛、乳齒象、雕齒獸與北美駱駝。後來，當玻里尼西亞人（Polynesians）殖民太平洋的島嶼時，他們也消滅了恐鳥（moa）與異嘴鴨（moa-nalo）等生物。（異嘴鴨為夏威夷的物種，是外觀類似鵝的鴨子。）當歐洲人抵達印度洋的島嶼時，他們則造成包含渡渡鳥（dodo）、紅秧雞（red rail）、馬斯卡林瓣蹼鷊（Mascarene coot）、羅德里格斯渡渡鳥（Rodrigues solitaire）與留尼旺孤鴿（Réunion ibis）在內的動物絕種。

十九世紀的生物滅絕不同之處在於發展的速度極快。過去的物種消逝是緩慢進行的——緩慢到連置身其中的人都沒意識到發生了什麼事；但鐵路與連發步槍等科技的發明，讓生物滅絕成為顯而易見的現象。在美國，乃至於全世界，大家已能親眼目睹物種的消失。「一個物種哀悼另一個物種的死亡是太陽底下的新鮮事。」奧爾多・李奧帕德（Aldo Leopold）在一篇悼念旅鴿消逝的文章中寫道。

到了二十世紀，就像我們後來所知道的那樣，生物多樣性危機的延燒速度正在加快。現代的物種滅絕率比適用於大多數地質年代的背景滅絕率，還要快上百倍、甚至千倍。而且是所有大陸、所有海洋、所有分類群（taxa）無一倖免。除了已被正式列為瀕危的物種之外，還有無數物種也正朝著這個境地發展。美國鳥類學家列出一份「數量驟減的常見鳥類」清單，當中包含一些我們熟悉的生物，如煙囪雨燕（chimney swift）、原野春雀（field sparrow）與黑脊鷗（herring gull）。就連長年來被視為能抵抗滅絕的昆蟲綱，其數量也在驟降。整個生態系都面臨威脅，並陷入不斷「失去」的惡性循環。

從直線距離來看，假的魔鬼洞離真的魔鬼洞約一．六公里遠。它位在一個不起眼的機棚造型建物中，建物的門口有一組標誌。其中一個寫著警語：須穿戴個人防護裝備才能進入；另一個則寫著：注意！請小心使用一氧化二氫（dihydrogen monoxide）。

我首次造訪時便向工作人員問起這些標誌。他們告訴我，這是為了防止那些投入政治、但對化學一無所知的抗議人士闖入並破壞這個地方而設置的。（一氧化二氫是水的惡作劇別名。）在我獲准進入之前，必須先踏入一桶看起來像尿、其實是消毒劑的液體中。

建築物的牆上有許多鋼樑、塑膠管與電線。以水泥澆鑄而成的走道圍著一個同樣用水泥築成的凹陷水池。此地看起來就跟工廠廠區不相上下。事實上，這裡讓我想起以前曾參觀過的一座核能發電廠中的乏燃料棒槽。不過，這個假洞穴是設計來「迷惑可憐小魚的漂泊之眼（bewitch poor fishes' wand'ring eyes）[2]」，而非為了給我欣賞用的。

2 譯註：作者在這邊引用英國詩人John Donne的詩〈誘餌〉（The Bait）。

要絲毫不差複製出無人見過底部的池子顯然不可能，而且複製洞穴的深水區最深也只有六．七公尺。但除此之外，其他環節都已盡可能模仿原始洞穴的樣態。因為魔鬼洞的池水幾乎不受日曬，所以這裡的天花板就有遮光裝置，能依照季節開啟與關閉。因為洞穴中的水溫要常年維持在攝氏三三．九度，所以他們也準備了一組備用的加熱系統。池子裡有輪廓相同的淺水岩棚，是用鍍上玻璃纖維的保麗龍所製成。（為了複製出原始模樣，他們參考了岩棚用雷射掃描成像的照片。）

鱂魚以及魔鬼洞食物鏈的很大一部分都被引入了這個複製品中。在保麗龍製成的岩棚上，漂浮著生活在洞中石灰岩的亮綠色藻類。水裡面也有相同的小型無脊椎動物在游動：一種*Tryonia*屬的春季蝸牛、一種橈足亞綱的小型甲殼類、另一種介形綱的小型甲殼類，以及某幾種甲蟲。

負責人員不間斷地監控著水槽的狀況。假設水中的酸鹼值開始下降的話，工作人員會收到系統的警告。如果發生大規模的變動，系統會以電話通知。在這個設施工作的佛包爾不只一次不得不大半夜從帕朗的家開車過來檢查。

這個模擬水池的計畫始於二〇〇六年。那年春天，鱂魚過得不是太好，數量調查的結果是歷史新低：三十八隻。「大家對此感到憂心。」佛包爾跟我說。這棟造價四百五十萬美元的設施還在施工的時候，鰷魚的數量有些微增加。接著在二〇一三年又遇上一次危機。那年春天的調查結果只有三十五隻，而尚在測試階段的這座設施，當下便迅速加入保育的行列。「我們接到高層的電話，問說：『要怎樣才能讓你們在三個月內做好準備？』」佛包爾回憶道。

在洞穴中，鰷魚的壽命約有一年；在水槽中則可以活到兩年。我造訪時，魔鬼洞二號已經運作了六年之久，裡面養了約五十隻成魚。究竟這是多是少，要看你從哪個角度看：畢竟這比二〇一三年地球上存活的鰷魚數量還多十五隻，但五十仍不是個大數目。除了佛包爾外，這座設施還有三名正職員工，所以每個人平均要照顧約十三條魚。這個數目當然低於魚類與野生動物管理局的期待，佛包爾認為此現象可能是甲蟲造成的。

這些跟著其他的無脊椎動物從魔鬼洞帶來的新鞘脂屬（*Neoclypeodytes*）甲蟲，搬遷到水泥版的水池後，過得實在太愉快了。牠們的繁殖速度比在野外還快，而且不知何時有了吃鰷魚幼魚的傾向。有一天，佛包爾在觀看特殊的紅外線攝影機（通常用於拍攝鰷魚幼體）拍下的畫面時，他看到其中一隻體型為罌粟籽大小的甲蟲正要攻擊幼魚。

「有點像是狗聞到了氣味，」他回憶道，「甲蟲繞著這隻幼魚，然後愈繞愈小圈，接著牠就突然下沉，把魚撕成兩半。」（沿用狗的比喻，這就像是追著麋鹿的西班牙獵犬。）為了要控制甲蟲的數量，工作人員開始設置陷阱。在清空陷阱時，會需要先把內容物以細網篩過，再用鑷子或移液器挑出每隻小蟲。約莫一小時左右的時間裡，我在現場看著兩名工作人員埋頭執行這項每日的例行性任務。雖然不是第一次了，但我還是對「破壞一個生態系統，要比運作一個生態系統容易許多」這件事感到震驚。

要看你問的是誰，不同人會給你關於人類世起點的不同說法。喜歡明確定義的地層學家傾向給出的答案是一九五〇年代初期。當美國與蘇聯爭奪「奇愛博士（Strangelovian）式」的霸權時，地面上的核試驗就成為家常便飯。這些試驗留下或多或少的永久痕跡：例如輻射粒子的激增，某些粒子的半衰期有數萬年之久。

魔鱂遇到的麻煩能追溯到這個時期也絕非巧合。一九五二年的一月，杜魯門總統（Harry S. Truman）將魔鬼洞納入死亡峽谷國家公園中。在一份聲明中，杜魯門表示他的目標要保護生活在「非凡的地下水池」與「只存在此處」的「獨特沙漠魚種」。那年春天，美國國防部在距離魔鬼洞約八十公里的內華達州試驗場引爆八顆核彈，隔年春天又引爆十一顆。從老遠的拉斯維加斯就看得見蕈狀雲，這成了吸引遊客的看點。

隨著五〇年代過去——以及更多的核彈引爆——地產開發商喬治．史溫克（George

Swink）逐步著手買下魔鬼洞周圍的土地。他的計畫是從零開始建設出一座給試驗場工人居住的小鎮。史溫克最終買了二〇・二平方公里的土地，並開始鑿井，其中一口井距離魔鬼洞只有二四三・八公尺遠。

救救魔鱂。

但史溫克的計畫失敗了，在一九六〇年代中，另一名地產開發商法蘭西斯・開帕特（Francis Cappaert）買下他手上的土地。開帕特的夢想是讓沙漠開滿紫花苜蓿（alfalfa）。當他開始從蓄水層抽水時，魔鬼洞的水位就開始下降。在一九六九年底，水位下降了二〇・三公分。到了隔年秋天，又下降了二五・四公分。每當水位下降，就會有更多淺水岩棚露出水面。到了一九七〇年底，魔鱂的產卵區縮到跟船上的廚房一樣大。這時，有一名來自內華達大學（University of Nevada）的生物學家想出搭建假岩棚讓魚產卵的想法。用木材與保麗龍製成的假岩棚被擺在水池的深水區，而因為深水區受到的光照比淺水區少，國家公園管理處還架設一整排一五〇瓦的燈泡以補足亮度。這個假岩棚後來被二四一四公里外的阿拉斯加發生的地震給摧毀；因為含水層範圍廣大，震波導致湖震（seiche）在魔鬼洞造成小型的海嘯。

同時，有十幾隻魔鱂也被帶出洞穴，以建立後備的棲群。有些被帶到死亡峽谷西邊的鹹水谷（Saline Valley）；有些被帶往死亡峽谷的格雷普維恩溫泉區（Grapevine Springs）；第三組則送往魔鬼洞附近的煉獄溫泉（Purgatory Spring）；最後一組則送給加州州立大學弗雷斯諾分校（Fresno State）一位試圖在水族箱養殖魔鱂的教授。這些在早期嘗試創造出庇護棲群的努力全都失敗了。

殺了魔鱂。

到了一九七二年，超過四分之三的岩棚露在水面上，聯邦政府別無選擇，只能起訴開帕特企業。司法部的律師提出，當杜魯門總統把魔鬼洞納入國家公園時，他也暗示著要保留足以讓魔鱂生存的水量。這個「開帕特訴美國政府案」最終上訴至美國最高法院，案件在接受正式管道審理的同時，也分裂了內華達州人。有些人認為魔鱂象徵了沙漠的脆弱之美；其他人則視之為政府的越權。汽車的保險桿開始出現「救救魔鱂」的貼紙。接著出現了反方的貼紙，上面寫著「殺了魔鱂」。

開帕特企業最終以敗訴收場。（魔鱂那天占了上風，以九比〇勝訴。）在之後幾十年裡，魚類及野生動物管理局收購了開帕特的土地，並將其轉變為艾希梅德斯國家野生動物保護區（Ash Meadows National Wildlife Refuge）。保護區中有幾張野餐桌、幾條步道，以及一座遊客中心，裡面販賣各種東西，也包含看似憤怒氣球的魔鱂絨毛玩偶。遊客中心外一組標誌寫道，開帕特的土地跨越了兩個原住民部落的領土，分別是努烏維族（Nuwuvi）族與紐維（Newe）族。在女廁（可能男廁也有）的一面牌匾上，有一段摘自愛德華．艾比（Edward Abbey）《沙漠隱士》（*Desert Solitaire*）的文字。雖然該書記錄的是艾比在猶他州亞契國家公園（Arches National Park）擔任護林員的經歷，但書中大部分篇章是他坐在魔鬼洞幾公里外的妓院酒吧中寫成的。「水、水、水，」他說：

在沙漠中水並不短缺，但也只有剛好的量，才能在水與石頭、水與沙子之間保持完美平衡，以確保這裡的植物、動物、住家、小鎮與城市，能獲得足夠寬闊、自由、開放且充足的生活空間，這也是這片乾燥的西部與我們國家其他地方如此不同的原因。這裡並不缺水，除非你在不該有城市的地方建設新的城市。

負責管理假魔鬼洞的珍妮·關姆在遊客中心的遊客止步區有間辦公室。某天早上，我順道去找她聊天。研究行為生物學出身的關姆剛從德州搬到內華達州，並且對她的新工作充滿熱情。

「魔鬼洞是個很特別的地方，」她跟我說，「像我們那天那種進到洞裡的體驗，我曾問過許多人：『會對這件事覺得膩嗎？』我至今還不覺得膩，而且短時間內也不會。」

關姆拿出她的手機。手機上有張魔鱂卵的照片。前天晚上，一名研究設施的工作人員才從水槽中取出這顆魚卵。「今天牠的心臟應該就會跳動了，」她說，「妳有可能看得到。」以顯微鏡接目鏡拍下的這顆魚卵看起來就像顆玻璃珠。

多數的魚種（如鰱魚）每次都會產上千顆魚卵，這是牠們可人工養殖的原因。但魔鱂每次只會產一顆針頭大小的卵，有時候還會被魔鱂自己吃掉。

我們開著關姆的卡車抵達魔鬼洞二號，並看到佛包爾人就在魔鱂的育兒室——一個放滿好幾排的水槽、各式各樣的儀器，也聽得見潺潺流水聲的房間。佛包爾找出在獨立的小塑膠盤中漂浮的魚卵，並把魚卵放在顯微鏡下。

這座模擬水池在二〇一三年緊急投入保育行列時，最初的挑戰之一就是找出存放魚卵的方式。由於地球上只剩下三十五隻魔鱂，國家公園管理局拒絕冒險提供任一對生育中的魔鱂。他們甚至不願意提供魔鱂魚卵。在幾個月的討論與分析之後，他們終於允許魚類與野生動物管理局在淡季蒐集魚卵，因為此時的魚卵不管在何種情況下，能成功存活的機率都很低。第一個夏天，他們蒐集到一顆魚卵，但卵內的魚最終還是死掉了。接著在冬天，他們蒐集到四十二顆魚卵；其中的二十九顆成功孵化、也長成了成魚。

顯微鏡下的魚卵證明了，雖然有甲蟲侵襲的問題，但水槽中的魔鱂仍然在繁殖。這顆魚卵是從刻意放在假岩棚的小墊子上蒐集而來的；它看起來就像一張劣質的粗毛地毯。「這是個好預兆，」關姆跟我說，「希望其他產在墊子上的魚卵沒有被吃掉。」

這顆蛋確實開始有心跳，也出現了亮紫色的扭動物體——那是初期的有色細胞。就在這顆小魚卵中的小心臟跳動的同時，我也想起了我家孩子的第一張超音波照片，以及另一句艾比的文字：「地球上的所有生物都是親戚。」

關姆跟我說，她每天都想花點時間待在水槽邊，就只是看看牠們。那天下午我跟她一起看魚。魔鱂雖然很小隻，但仍用自己的方式展現耀眼光芒。我注意到在深水區，有一對魚玩在一起，或是在調情。身上有近乎會發光的藍色條紋的牠們協調地繞著彼此旋轉。在雙「魚」舞解散後，其中一條魚劃出一道虹彩線條。

「看著一小群魔鱂在沙漠裡小池子的水中穿梭，能讓人領會驚奇事物中蘊藏的重要意義。」生物學家克里斯多福·諾曼特（Christopher Norment）在他去過真正的魔鬼洞後，寫下了這些文字。我想我的感觸也相同，只是這裡的水是透過管線流入，而且是經過消毒的水。但我納悶的是，看著水槽裡的魚，能得到怎樣的驚奇感？

我們經常能觀察到，自然——或至少是自然的概念——是與文化相互糾纏的。但在與之對立的概念——科技、藝術、意識——出現以前，世界上只有「自然」，所以這樣的分類本身沒有任何意義。也很有可能在「自然」一詞發明的同時，文化早就已經混在其中了。狼在兩千年前被人類馴化，因而也有了新的物種（或按照某些人的說法——亞種），以及兩個新分類：「馴化」與「野生」。當小麥在大約一萬年前被人馴化時，植物世界也一分為二。有些植物變成「作物」，而其他則成為「雜草」。在人類世的美麗新世界裡，這樣的分別與日俱增。

仔細想想「與人共居生物（synanthrope）」一詞。這類動物雖然還未經馴化，但因為某種原因，牠們在農場或大城市中過得特別好。與人共居生物（這個詞是由希臘文的 syn〔意思是「在一起」〕，以及 anthropos〔人類〕共同組成的）包含浣熊、短嘴鴨、褐鼠（Norway rat）、亞洲鯉魚、家鼠，以及十幾種的蟑螂。郊狼雖然從人類的干擾活動中得利，但會避開人類密集出沒的地方，因此稱為「不與人來往的與人共居生物（misanthropic synanthrope）」。在植物界，「次生固有植物（apophyte）指的是在人類移入後，仍生生不息的原生植物；而「人為馴化植物（anthropophyte）」則是被人類引入後，能夠生長繁盛的植物。人為馴化植物還能進一步分為在歐洲人抵達新世界前就已普及的「古代馴化植物（archaeophyte）」，以及在那之後才普及開的「新世代馴化植物（kenophyte）。」

當然，隨著許多物種因人而得利，就會有更多物種因人而衰落，因此需要列出另一份淒涼的名詞列表。根據負責維護《瀕危物種紅色名錄》（*Red List*）的國際自然保護聯盟（International Union for Conservation of Nature）的定義，若某個物種在一世紀內的消失機率大於十分之一，就會被列為「易危（vulnerable）」。若某個物種的數量在十年內或是時間更長的三個世代內減少超過百分之五十的話，就符合「瀕危（endangered）」的標準。若在相同的時間裡，生物的總數消失百分之八十以上的話，就會被列為「極危物種（critically endangered）」。根據國際自然保護聯盟的定義，植物或動物可能是完全「滅絕」或「野外滅絕（extinct in the wild）」，抑或是「可能滅絕（possibly extinct）」。「可能滅絕」的物種指的是在經「證據的權衡」之下，物種很可能已消失無蹤，但我們還沒辦法完全證實。目前被列為「可能滅絕」的上百種動物中包含：對馬管鼻蝠（gloomy tube-nosed bat）、瓦頓小姐紅疣猴（Miss Waldron’s red colobus）、艾瑪大鼠（Emma’s giant rat）與新喀里多尼亞夜鷹（Caledonian nightjar）。有些物種——比如茂宜島原生的一種圓胖的蜜旋木雀「毛島蜜雀：（po‘ouli）」——雖已不再於地球上行走（或跳躍）了，但牠們仍以細胞的形式被保存在液態氮中。（目前尚未發明出描述這種生命暫停的奇特狀態的詞彙。）

理解生物多樣性危機的一種簡單方式，就是去接受這件事實。畢竟生物的歷史本來就不時會被大型以及「超超大型」的滅絕事件給打斷。為白堊紀畫下句點的那次衝擊消滅了地球上約百分之七十的物種，但沒有人為這些物種落淚，後來地球上也演化出新的物種取代了這些滅絕種。但無論出於何種理由——對生命的熱愛、對上帝造物的關懷、感受到突然襲來的恐懼——人類往往不樂意成為那顆衝擊地球的小行星。所以我們創造出另一種分類的動物——這些生物先是被我們推向邊緣，然後又被猛力拉回來。有個特殊詞彙可形容這些生物：「仰賴保育（conservation-reliant）」，或有人稱之為「斯德哥爾摩物種（Stockholm species）」，因為牠們全然仰賴加害者才得以生存。

魔鱂就是經典的斯德哥爾摩物種。在六〇年代洞穴裡的水位下降時，是國家公園管理局裝設的假岩棚與燈泡讓牠們得以存活。當法院禁止在洞穴周圍抽水之後，水位雖然緩慢上升了，但蓄水層從未完全恢復原狀。時至今日，洞穴裡的水位仍比應有的水位低了約三十公分。這為池中的生態系帶來轉變，也讓食物網開始瓦解。從二〇〇六年起，國家公園管理局還會派出魚兒的外送員，提供豐年蝦（brine shrimp）與仙女蝦（fairy shrimp）等補充餐點。

而生活在十幾萬加侖水槽中的魔鱂，若沒有關姆、法包爾與其他魚類專家的援助，根本連一季也活不過。水槽裡的環境盡可能去模擬自然狀態，只除了要避開讓原始版魔鬼洞變得脆弱的那種狀態。這個模擬水池能夠不受人類行為的干擾，是因為這裡是全然人造的。

目前沒有明確數據指出，有多少物種跟魔鱂一樣「仰賴保育」，但少說也有幾千種。再者，仰賴的形式也十分多元，除了補充食物與圈養繁殖之外，還包含雙重下蛋（double-clutching）、復育（headstarting）、圈養（enclosure）、放養（exclosure）、策略燒除（managed burn）、提供微量礦物質（chelation）、引導遷徙（guided migration）、人工授粉（hand-pollination）、人工授精（artificial insemination）、捕食者迴避訓練（predator-avoidance training）以及制約味覺嫌惡（conditioned taste aversion）。每一年這個列表都會變長。「古法施於古人，新法施於新人。」梭羅評道。

✦ ✦ ✦

艾希梅德斯國家野生動物保護區面積約為九三．一平方公里，大約跟紐約布朗克斯（**Bronx**）區一樣大。有二十六種動物是保護區內絕無僅有的。我在遊客中心拿的小冊子上印有說明：這裡「是美國本土物種最集中的地方，也是北美洲第二集中的地方。」嚴峻的環境會讓生物更多元，這是標準的達爾文主義信條。沙漠中的棲群在物理空間與繁殖過程上都彼此孤立，就跟生活在群島上的動物一樣。莫哈維沙漠與附近大盆地沙漠（**Great Basin Desert**）中的魚，某種程度上就相當於加拉巴哥群島（**the Galápagos**）的雀鳥——分別居住在這片「沙海」中的小島上。

毋庸置疑的是，許多「島嶼」在有人費心記錄棲息於當地的動物之前，就已經被吸乾了。正如一九〇三年瑪麗．奧斯汀（**Mary Austin**）所下的評論，「美國西部的每條大河最終命運就是成為灌溉水圳。」有些生物存活得夠久，所以我們能記錄到其步向滅絕的過程，比如帕拉納格特刺鱥（**Pahranagat spinedace**，最後被人捕捉到的紀錄年代為一九三八年）、拉斯維加斯鰷（**Las Vegas dace**，一九四〇年最後一次有人看到牠）、艾希梅德斯裸腹鱂（Ash Meadows poolfish，這種魚的身影最後一度被人見到是在一九四八年）、雷奎夫牧場裸腹鱂（Raycraft Ranch poolfish，最後被人目擊的時間點為一九五三年），以及德科帕鱂（從一九七〇年就消失無蹤）。

另一種沙漠鱂魚——歐文斯鱂（Owens pupfish）——原本被判定已絕種，卻在一九六四年又有人發現了牠的蹤跡。但到了一九六九年，這些魚卻在一個相當於娛樂室大小的池塘中苟延殘喘，當時因為某種無人能解的原因，池塘縮水成水坑。加州漁業與狩獵局的菲爾・皮斯特（Phil Pister）一收到警示便趕赴現場，也就是一個名為「魚泥沼（Fish Slough）」的地方。皮斯特把魚泥沼中剩下的歐文斯鱂全部帶走，打算移到附近的溫泉區。他總共裝了兩桶的魚。

「我記得很清楚，那時候真是嚇得半死，」他後來寫道，「我走了差不多四十幾公尺之後就意識到，眼前這種脊椎動物的整個物種命運全握在我手裡了。」接下來的幾十年，皮斯特致力於拯救歐文斯鱂以及魔鱂。大家常問他，為什麼要花那麼多時間在這個無關緊要的動物上。

「鱂魚有什麼好的？」他們會問。

「那你有什麼好的？」皮斯特會這麼回答。

在莫哈維沙漠，我盡可能去看了更多的魚，就彷彿某種跳島旅行一樣。在離魔鬼洞不遠的池塘，棲息著艾希梅德斯阿馬戈薩鱂（Ash Meadows Amargosa pupfish，學名是*Cyprinodon nevadensis mionectes*）。池塘的周圍一片荒蕪，讓人想到曼力的不幸際遇；走到離馬路有幾百公尺遠的地方之後，我心想：哪怕是今日，都有可能有人死在莫哈維沙漠而無人知曉。艾希梅德斯鱂看起來像是蒼白一點的魔鱂，在池塘裡四處竄游——一樣可能是在調情或打鬥，只是我分不出來。

距離此地四八公里遠、位於加州肖松尼地區的一個小鎮，住著另一個鱂魚亞種：休休尼鱂（Shoshone pupfish，學名是*Cyprinodon nevadensis shoshone*。）跟歐文斯鱂一樣，休休尼鱂也曾被判定已絕種，但後來有人在一個露營車營地附近的涵洞中發現這種魚。蘇珊．索瑞爾斯（Susan Sorrells）是這個露營車營地的主人，也是這座小鎮唯一的餐廳與商店的老闆。在許多政府單位的協助下，她為休休尼鱂設計出一組水池，後來也證明這些魚的適應力比牠們在魔鬼洞的表親強得多。

「牠們從瀕臨絕種變成多子多孫。」索瑞爾斯跟我說。引入鱂魚池的溫泉水系統也會流往當地的游泳池，某天下午我與一位留著鬍子的男性在游泳池裡讓身體涼快一下。當他轉過身時，我心裡有些不安，因為他背後有著兩個大大的納粹符號刺青。

帕朗小鎮也曾經有當地專屬的魚種：帕朗裸腹鱂（Pahrump poolfish，學名為*Empetrichthys latos*），雖然這種魚仍舊存在，但很可惜，牠們並不在帕朗生活。這種魚的原始棲地是有泉水流入的池塘，但卻有人可能或有心、或無意把金魚放進池塘。金魚族群在池中快速擴張，而裸腹鱂的生存則大受打擊。到了一九六〇年代，抽取地下水讓情況變得更嚴重。一九七一年，在這個池塘快要完全乾涸之際，內華達大學的生物學家吉姆．迪肯（Jim Deacon）在最後關頭出來救援。就像皮斯特一樣，他把剩下的魚用桶子裝走，設法救出了三十二條魚——或至少據說是這樣。

自從有人出手拯救以後，帕朗裸腹鱂就過著流離失所的生活，不停四處漂泊——或者說被人載著輾轉各地——從一個池塘流亡到另一個池塘。內華達州野生動物局的生物學家凱文．瓜達陸佩（Kevin Guadalupe）是這些魚的「摩西」。我在他位於拉斯維加斯的辦公室與他碰面，牆壁上有張海報，展示著內華達州的四十種原生魚類。「牠們幾乎全是瀕危物種。」他指著海報說。當他遞出名片時，我注意到上面有張松果大小的裸腹鱂照片。

帕朗裸腹鱂實際上約有五公分長，身上有黑色與黃色的條紋，而且魚鰭也是黃色的。就跟魔鱂一樣，這些魚在很艱困的環境中演化，原本在這裡是食物鏈頂端的掠食者。瓜達陸佩的多數工作就是讓裸腹鱂盡可能不要遇到真正的掠食者。人類引入愈來愈多物種到沙漠中，這會為裸腹鱂帶來更多危機。

「很多時候，我們忙得不可開交。」瓜達陸佩跟我說。在距離帕朗約八〇公里遠的史普林山牧場（Spring Mountain Ranch）州立公園，我們造訪了一座湖的遺跡，那裡曾是上萬隻裸腹鱂的家。（這個牧場曾屬於霍華・休斯〔Howard Hughes〕，雖然在他買下這塊地時，他對病菌太過偏執，以致於他不敢離開他在拉斯維加斯的旅館套房。）人們把水族箱的各種生物都倒入湖中，而裸腹鱂因為無法應付外來的掠食者，差不多已滅絕。為了要消滅其他入侵物種（裸腹鱂當然也是被移植進來的。），當地人把湖水完全抽乾。湖底的紅色黏土已經龜裂，鎮日在日光下烘烤。環境歷史學家J. R.麥克尼爾（J. R. McNeill）曾借用馬克思的說法：「人們創造自己的生物圈，但並不是隨心所欲地創造。」

在離帕朗約六四公里的沙漠國家野生保護區（Desert National Wildlife Refuge），我們參觀了另一個陷入危機的池塘。

「那裡有一隻。」瓜達陸佩指著一隻從淤泥中探出頭來、看起來像小龍蝦的生物。這是隻克氏原螯蝦（red swamp crayfish）。克氏原螯蝦原生於墨西哥灣從墨西哥到佛羅里達狹地（Florida panhandle）的沿岸。牠們很常遷徙，因為人類喜歡捕食這種蝦，而克氏原螯蝦則喜歡吃裸腹鱂。為了給這些魚生存機會，瓜達陸佩在水裡裝設假珊瑚礁，讓魚兒產卵。這些假珊瑚礁是用光滑的塑膠圓柱體組成，上面還插著一束人工水草。瓜達陸佩希望圓柱體夠滑，好讓飢餓的螯蝦都爬不上去。

我們造訪的最後一個裸腹鱂避難所位於拉斯維加斯的公園中。我們抵達的時候剛好是正午，戶外氣溫高得不像話，待在外面的人腦袋一定不正常。

當天晚上是我在內華達州的最後一晚，我下榻在賭城大道的巴黎酒店，從房內看得見艾菲爾鐵塔。這裡是拉斯維加斯，所以這座鐵塔蓋在泳池之上。池水的顏色是保冷劑的藍色，游泳池某處的音響系統發出低沉且規律的節奏，穿透窗戶讓住在七樓的我都聽得見。我真的很想喝一杯，但實在無法拖著自己的身體走回大廳，再經過禮賓部（Le Concierge）、廁所（Les Toilets）與接待處（La Réception），去找到那間假的法國酒吧。我想到住在模擬洞穴裡的魔鱂。我心想：牠們在時運不濟時，也是這種感覺嗎？

2

露絲・蓋茲（Ruth Gates）是因為看了電視才愛上大海的。小學時期的她坐在電視前面，深深著迷於《庫斯托的海底世界》（*The Undersea World of Jacques Cousteau*）。水中生物的顏色、形體以及多元的生存策略——對她而言，水面下的生活比起水面上的要精采許多。雖然她只從這個節目吸收到些許相關知識，但她已下定決心，未來要成為一名海洋生物學家。

「儘管庫斯托只透過電視傳達知識，但他向大眾揭露海洋的方式是前所未見的。」她跟我說。

在英國長大的蓋茲後來進入新堡大學（Newcastle University）就讀，該校海洋科學的課程是直接在北海附近（North Sea）進行教學。她修過一門關於珊瑚的課，也再次為之著迷。她的教授解釋，珊瑚是體型很小的動物，但牠們的細胞裡還住著更小的植物。蓋茲想知道這背後的原因。「我想不透怎麼會有這種現象。」她說。一九八五年，她搬到牙買加（Jamaica）繼續研究珊瑚與牠們的共生生物。

對於投入相關研究的人而言，當時是個很振奮人心的時刻，因為分子生物學的新技術讓人類得以用最接近零距離的方式去觀察生物。但同時，那也是個讓人不安的時刻——加勒比海的珊瑚礁正在凋零。有些是蒙受工程建設之害，有些則是因為人類的過度捕撈與污染而遭殃。這個區域中兩種主要的造礁珊瑚——鹿角珊瑚（staghorn cora）與麋角珊瑚（elkhorn coral）——正受到著名的白帶病（white-band disease）摧殘。（這兩種珊瑚都被列為極危物種。）在一九八〇年代，加勒比海的珊瑚礁數量約少了一半。

蓋茲後來在加州大學洛杉磯分校（UCLA）與夏威夷大學（University of Hawaii）繼續她的研究。與此同時，珊瑚礁的前景變得更為黯淡。氣候變遷導致海水溫度高到許多物種不堪負荷的程度。一九九八年，水溫上升造成了著名的「全球珊瑚白化事件」，全世界超過百分之十五的珊瑚因而死亡。另一次全球珊瑚白化事件發生在二〇一〇年。接著在二〇一四年，海洋熱浪來襲，並持續了三年之久。

海洋化學的大幅改變也讓海水暖化的危機惡化。珊瑚喜歡生活在鹼性的水中，但化石燃料的排放物質讓海水趨於酸性。有一組研究團隊計算過，若排放量在未來數十年持續增加，會導致珊瑚礁「停止生長並開始分解」。另一組團隊預測，到了二十一世紀中葉，造訪大堡礁（the Great Barrier Reef）的遊客只能看到「遭到快速侵蝕的碎石礁岸」。蓋茲不願重返牙買加；因為那個地方讓她鍾情的事物已大量消失。

但以她自己的話說來，蓋茲是會「為杯子裡的水至少還有一半而感到樂觀的人」。她注意到，有些原本因為死亡而被人放棄的珊瑚礁正在恢復生機，其中也包含她很熟悉的那幾種。這些珊瑚礁是否具備某些特質，因而能更為茁壯？如果我們能辨識出這些特質呢？那麼或許海洋生物學家除了乾著急之外，就能做點什麼事了。如果有可能培養出更強壯的珊瑚，說不定也有可能再造全世界的珊瑚礁，以抵抗海洋酸化與氣候變遷。

蓋茲寫下了她的想法，並以此參加一項名為「海洋挑戰」的競賽，最後也脫穎而出。雖然一萬美元的獎金只能讓實驗室的運作勉強維持下去，但贊助這項競賽的基金會邀請她提交一份更完整的計畫書。這一次，她獲得四百萬美元的補助。新聞在報導這項補助案時，指出蓋茲跟她的同事計畫要打造出「超級珊瑚（super coral）」，而蓋茲也欣然接受這個概念。她的一位研究生畫了一個標誌：在一個軸孔珊瑚的中間，約略是人類胸部的位置，寫著大紅色的S。

我是在二〇一六年的春天與蓋茲碰面的。那是她獲得超級珊瑚補助金大約一年後，也恰好是她被任命為夏威夷海洋生物研究中心（Hawaii Institute of Marine Biology）主任不久之後。研究中心有一座自己的小島，也就是位於歐胡島（Oahu）海岸外的卡那奧赫灣（Kaneohe Bay）的椰子島（Moku o Lo‘e）。（如果你曾看過影集《夢幻島》（*Gilligan's Island*）的話，片頭就就出現過椰子島。）因為沒有通往椰子島的大眾運輸方式，訪客只需出現在碼頭，就會有事先約定好的研究中心的船夫等著開船載人。

蓋茲在我下船時前來迎接，我們一起走到她的辦公室，裡面非常簡潔且潔白。從窗戶可以俯視海灣，遠處則是軍事基地：夏威夷海軍部隊基地（Marine Corps Base Hawaii）。（日本人在攻襲珍珠港的前幾分鐘轟炸過這個基地。）蓋茲解釋，卡那奧赫灣是超級珊瑚計畫的靈感來源。在二十世紀大部分時間裡，廢水都會排到這裡。到了一九七〇年代，這裡的珊瑚礁幾乎消失殆盡。海藻占據了此處，海灣中的水也變成噁心的亮綠色。但後來污水處理廠開始運作，接著州政府與美國自然保育協會（Nature Conservancy）與夏威夷大學攜手設計出一台新裝置——基本上就是一艘有大型吸塵管裝備的駁船——用來吸走海床上的藻類，於是珊瑚礁也漸漸重獲生機。時至今日，海灣中有超過五十處的塊礁（patch reef）。

「卡那奧赫灣的案例證明了，即使在高度受干擾的地方，仍舊有生物可以活下去，」

蓋茲說，「若仔細想一想這些存活下來的珊瑚，其實牠們身上具備了最強健的基因。這也表示殺不死你的，必使你更強大。」

我後來跟蓋茲在椰子島上待了一週。有一天，我們用一台超大型雷射掃描顯微鏡來觀看珊瑚。蓋茲為我展示她在學生時期大感困惑的生物現象。我看到了棲息在珊瑚的微小細胞中那些更小型的共生植物。另一天，我們去浮潛。二〇一四年開始的海洋熱浪已經持續到了第二年，許多海灣裡的珊瑚族群都變得慘白。蓋茲說，多數珊瑚可能會撐不下去，但另外還是有一些色彩繽紛的珊瑚——可以見到橙黃色、棕褐色，或綠色的；這些珊瑚就活得很好。「看到這些珊瑚的堅毅讓我很振奮。」她跟我說。

第三天，我們去參觀位於戶外的一排水槽，從海灣中蒐集到的珊瑚被飼養在精準控制的生長環境裡。這麼做的用意不比鱂魚的水槽，並不是要提供最適合物種生存的環境——或多或少可說是相反：珊瑚要生長在人為調控過的壓力環境之下。那些生氣蓬勃（或至少活下來）的珊瑚會經過雜交育種，然後後代再被放入水槽中，接受更大的壓力。最終希望達到的結果，便是讓這些受過選擇性壓力考驗的珊瑚經歷某種「輔助演化（assisted evolution）」。通過考驗的珊瑚，在未來就能用來復育珊瑚礁。

「我是現實主義者，」蓋茲某次跟我說，「我無法再奢望這顆星球不發生劇變。因為改變就是已經出現了。」我們要不就「輔助」珊瑚應對人類造成的環境改變，不然就是看著牠們步向死亡。在她看來，除此之外的想法都只是一廂情願。「很多人都想讓時光倒流，」她說，「他們心想，只要我們停下現在的作為，或許珊瑚礁就能回復原狀了。」「我事實上是個未來主義者，」她某次又這麼說，「我們的計畫是去正視這件事：未來的自然將不再百分之百自然了。」

蓋茲真的很有說服力，原先帶著寫滿筆記本的疑惑來到椰子島的我，都覺得受到了啟發。有好幾次，她結束了白天在研究中心的工作後，我們會一起吃晚餐聊天，到後來我們從原本報導者與受訪者的關係，變成了朋友。當我正準備要再次拜訪蓋茲，看看超級珊瑚進展如何時，她卻寫信跟我說她快撒手人寰了。當然用字並不是這樣。她說自己的大腦有病變，接下來要去墨西哥接受治療——而且無論得了什麼病，她都會戰勝它。

跟露絲・蓋茲一樣，查爾斯・達爾文（Charles Darwin）也對珊瑚感到困惑。一八三五年，他第一次見到珊瑚礁。當時他正搭著小獵犬號從加拉巴哥群島前往大溪地（Tahiti），他在甲板上發現到海中有「形成環狀的奇特珊瑚礁」浮出水面——現在我們稱之為環礁（atoll）。達爾文知道珊瑚是種動物，而珊瑚礁是牠們的「作品」。然而，這種結構仍讓他大惑不解。「這些突然升起的低矮、中空的珊瑚島嶼，與牠們所生長的遼闊海域可謂小巫見大巫。」他寫道。但他依舊很好奇，這種結構是如何誕生的？

達爾文仔細思考了這個謎團好幾年，後來也成為他首部大型科學研究著作《珊瑚礁的結構與分布》（*The Structure and Distribution of Coral Reefs*）的主題。他想出了一種解釋——在當時爭議頗大，但現在已被證實正確——所有環礁的中心都曾有座火山。珊瑚過去附著在火山的周圍；而當火山成為死火山並緩慢下沉後，珊瑚礁卻持續向上迎光生長。達爾文說，環礁是某種失落島嶼的紀念碑，「是由無數個小建築師建成的。」

在達爾文發表珊瑚專著的同一個月（一八四二年五月），他也首次寫下對於「演化（evolution）」——或以當時的說法「演變（transmutation）」——革命性的想法。這份綱要是以鉛筆寫成；按照某位為他立傳的作家的說法，他總共寫了「三十五頁潦草難懂的文字。」達爾文把這些文章塞到抽屜裡。一八四四年，他把這份文件擴展成兩百三十頁，但又再度把手稿藏起來。他不願意將想法公諸於世有許多因素，而其中之一就是幾乎毫無證據佐證。

達爾文深信演化是無法被人觀察出來的。因為這個過程相當緩慢，所以自然無法在人的一生、甚至數個人的生命長度內被察覺到。「我們看不出來這種緩慢變化的過程，除非時間之手留下歲月的標記。」他後來寫道。那有什麼能證明他的理論呢？

他是偶然中從鴿子身上找到解答的。在維多利亞時期，用來觀賞的鴿子非同小可。（維多利亞女王也有飼養觀賞鴿。）英國有觀賞鴿相關的同好會、表演以及詩作。「月桂樹友善而憐憫的樹蔭下／鴿棚的長老安息其中。」一首寫給得年十二歲的死去愛鴿的頌詩開頭這麼寫著。鴿迷喜歡的品種有數十種，包含扇尾鴿（fantail）——鴿如其名，牠們有浮誇的扇形尾羽；能在飛行時表演後空翻的翻飛鴿（tumbler）；看起來像穿著襞襟（ruff）的修女鴿（nun）；在眼睛附近有某種肉垂的巴巴利鴿（Barb）；以及嗉囊（crop）塞了東西時，看起來像吞了氣球的突胸鴿（pouter）。

達爾文在自家後院蓋了一座鴿舍，而他就用這些鳥進行各種雜交實驗：比如讓修女鴿與翻飛鴿交配，或者讓巴巴利鴿與扇尾鴿交配。接著他會把鳥屍煮熟以取出骨頭——他寫下，這個任務讓他「嚴重反胃」。最後他終於決定在一八五九年出版

一隻嗉囊內裝了東西的突胸鴿。

《物種源始》（*On the Origin of Species*），鴿子也在那本書中占了很大的篇幅。「我飼養了每一種我所能買到或得到的品種，」他在第一章寫道，「我曾與幾位著名的養鴿專家交流，並獲准加入兩個倫敦的養鴿同好會。」

對達爾文而言，修女鴿、扇尾鴿、翻飛鴿與巴巴利鴿提供了支持演變論關鍵（但非直接）的證據。育鴿者光靠選擇用哪幾種鳥進行交配，就能發展出幾乎獨一無二的鴿子譜系。「如果渺小的人類能藉由人擇的力量做到這一切」，那麼，達爾文推測「自然選擇的力量」一定能造就「無窮無盡的變化」。

就算在《物種源始》出版的一個半世紀後，達爾文的類推式論點仍令人信服，雖然大家愈來愈難把這些名詞弄清楚。「渺小的人類」正改變著氣候，因而發揮了強大的選擇壓力。此外，還有無數種形式的「全球變遷」：人為毀林（**deforestation**）、棲地破碎化（**habitat fragmentation**）、外來掠食者（**introduced predators**）、外來病原體（**introduced pathogens**）、光害、空氣污染、水污染、除草劑、殺蟲劑與滅鼠劑。在「自然的終結」之後，還有什麼能被稱為「天」擇？

二〇〇五年，瑪德琳・范・歐朋（Madeleine van Oppen）在墨西哥的一場研討會上遇到露絲・蓋茲。范・歐朋是名荷蘭人，但當時她已經在澳洲生活了快十年。這兩人的個性南轅北轍：范．歐朋很寡言，但蓋茲很外放；儘管如此，她們一拍即合。就跟蓋茲一樣，范．歐朋剛展開學術生涯時，分子研究的工具逐漸盛行，而她也一樣很快發現到這些工具的力量。兩人開始定期跨時區通話，並合作撰寫論文。接著在二〇一一年，蓋茲邀請范．歐朋一起參加辦在聖塔芭芭拉的研討會。她們也是在那個場合發現彼此都對珊瑚應對環境壓力的機制很感興趣。那麼，有可能利用這些機制幫助珊瑚面對氣候變遷嗎？

「我們對『輔助演化』的想法有很多討論，」范．歐朋跟我說，「這個詞也可說是我們發明的。」蓋茲申請「海洋挑戰」的計畫書是跟范．歐朋一起寫的。計畫書上也寫了，如果她們得獎的話，一半的經費要分給夏威夷，另一半則分給澳洲。

蓋茲過世約一年後，我去拜訪范．歐朋。我們在她墨爾本大學（University of Melbourne）裡的辦公室碰面。辦公室位於以前的植物系館中，就在某個有原生蘭花造型的彩色玻璃窗的大廳附近。我們的對話很快就轉到蓋茲身上。

「她是個很有趣的人，充滿活力，」范．歐朋說著，同時臉色一沉，「我還是難以相信她就這麼走了。這讓我意識到生命的脆弱。」

在我造訪夏威夷之後，超級珊瑚的計畫仍在繼續，但珊瑚所面臨的危機也沒有停歇。從二〇一四年起就襲擊著夏威夷的熱浪，在二〇一六年降臨大堡礁，造成另一次全球珊瑚白化。這次危機雖然在隔年解除，但大堡礁的珊瑚有超過九成受到影響，而且約有一半的珊瑚死亡。生長速度快的物種受到的打擊尤其嚴重，經歷到研究人員所稱為「災難級」的破壞。澳洲詹姆斯・庫克大學（James Cook University）的珊瑚生物學家泰瑞・休斯（Terry Hughes）從空中記錄下災害的結果，並展示給學生看。「然後我們哭了。」他在推特發文中說道。

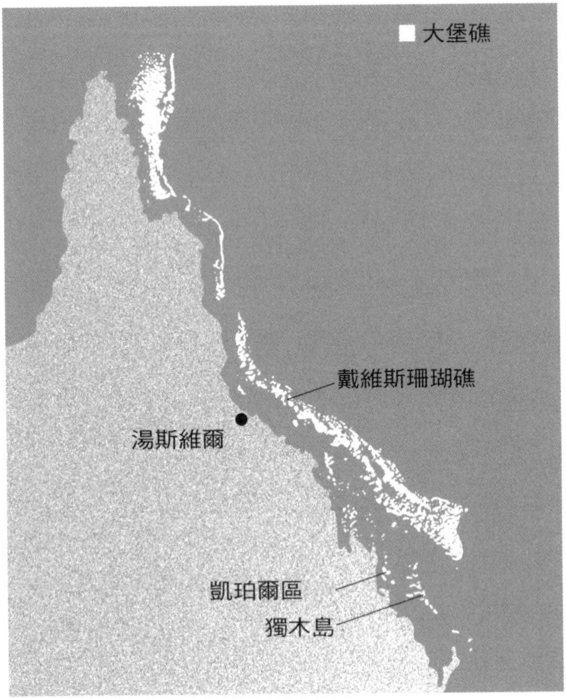

發生白化現象時，其實是珊瑚在切斷自己與共生植物的關係。隨著水溫上升，海藻會變得過度活躍，並開始釋放過量的氧自由基。珊瑚為了保護自己，便會驅逐這些海藻，因此變成了白色。如果熱浪能及時停止，那麼珊瑚尚能吸引到新的共生植物並復原。但如果熱浪持續下去，珊瑚就會飢餓而死。

在我造訪的那天，范．歐朋正在她的實驗室與幾位學生及博士後研究員開會。他們來自世界各地，人員組成有點像是安理會（Security Council）——包含了澳洲、法國、德國、中國、以色列與紐西蘭等國籍。范．歐朋繞著桌子走，逐一詢問進度。多數人在報告時會談到，自己要讓某幾種生物乖乖配合時遇上了麻煩。大多數時間，范．歐朋會讓他們一直講下去。「這太奇怪了。」最後，她終於針對某位博士後研究員遇上了特別費解的困難而開口說話。

在范．歐朋與她的團隊看來，任何一個珊瑚群落的成員都有潛力帶來改變。某些與珊瑚相關的細菌似乎特別擅長清除氧自由基；這個團隊正在摸索能否透過使用某種海洋益生菌，讓珊瑚礁更能抵抗白化。而珊瑚的共生藻也有可能派上用場：在現有的上千種不同海藻中，有些似乎更擅於忍受高溫，或許我們可以誘導珊瑚拋棄比較虛弱的共生生物，並與更強壯的群體來往，就像循循善誘青少年結交合適的朋友那樣；又或者，共生植物也可能經過「輔助」。范．歐朋的一名博士後研究員就花了好幾年時間，從珊瑚未來可能遭遇的各種模擬情況中，培育出一種名為C系蟲黃藻（學名為*Cladocopium* *goreaui*）的共生植物。（他向我展示了C系蟲黃藻，我原以為自己會大吃一驚；但實際上，那看起來就像是漂浮在瓶中的小塵雲。）根據推測，在這項試驗中存活下來的C系蟲黃藻會擁有更能招架溫度壓力的變種基因。或許讓這種具備韌力的生物「感染」珊瑚，就能有助於抵禦更高溫的海水。

「所有的氣候模型都指出，到了本世紀中或本世紀末，世界上大多數的珊瑚礁每年都會遇上極端的熱浪，」范．歐朋跟我說，「珊瑚復原的速度無法快到對付得了這種情況，所以我認為我們需要介入並提供助力。」

「希望世人能早點覺醒，並真正開始減少排放溫室氣體，」她接著說，「又或者有人可以發明出能解決這個問題的完美科技。誰知道接下來會發生什麼事，但我們需要爭取時間，所以我認為『輔助演化』能填補這一段空白，成為今天與未來之間的橋樑。而我希望有一天我們真的能控制、甚至扭轉氣候變遷。」

國家海洋模擬水族館（The National Sea Simulator）對外標榜為「世界上最先進的研究型水族館」。水族館位在澳洲東海岸的湯斯維爾（Townsville）附近，在墨爾本以北約二四〇〇公里處。有許多范．歐朋的團隊成員在這裡工作。他們正計畫進行「輔助演化」的實驗，所以拜訪完范．歐朋的實驗室後，我就動身飛往湯斯維爾。

那時是十一月中，澳洲有很大片的區域陷入火海。新聞報導都是關於千鈞一髮逃生的故事、燒傷的無尾熊，以及雪梨上方的煙幕如何讓當地人呼吸起來就跟每天抽一包菸一樣糟。從機場前往水族館的路上，我注意到幾片最近被燒過的地面，以及一面有熊熊燃燒的地獄圖片的告示牌。

鹿角珊瑚（*Acropora tenuis*）的族群，這是大堡礁常見的物種。

「你做好防災準備了嗎？」告示牌上的文字問道。我經過一座錫精煉廠、銅精煉廠、幾座芒果農園，以及一座有餵食鱷魚活動的野生公園。死掉的沙袋鼠（wallaby）——在南半球會遭到路殺的生物——散落在高速公路的路肩。

模擬水族館就建於珊瑚海（Coral Sea）的一塊岬角上。要不是水族館沒有窗戶，否則應會有很漂亮的海景。場館內的照明用的是電腦控制的LED燈，並使用程式去模擬太陽與月亮的循環。水槽占滿館內大部分的空間，高度都與腰同高，類似百貨公司的展示櫃那樣。就如同蓋茲在椰子島的實驗室，模擬水族館中的水槽也能由人為控制並創造出校準過的壓力環境。某些水槽的酸鹼值與水溫是設定來模擬二〇二〇年珊瑚海的狀況；另一些則模擬了二〇五〇年更高溫的海洋；甚至還有一些是模擬二十一世紀末更嚴峻的環境。

我抵達的時候已是傍晚，裡面幾乎空無一人。我花了一點時間在水槽間走走，我的鼻子差不多都要伸進水裡了。珊瑚的個體——精準的用詞是「珊瑚蟲（polyp）」——非常小，肉眼很難看見。即使是跟兒童拳頭一般大的珊瑚，也都住了數千隻的珊瑚蟲，這些生物相互連結並組成一層很細的活體組織。（珊瑚族群堅硬的部分是由珊瑚持續分泌的碳酸鈣構成的。）模擬水族館中一個個水槽裡養的都是鹿角珊瑚這種有分枝的種類，因為長得快，所以更利於研究。鹿角珊瑚組成的群體看起來就像縮小版的松樹林。

隨著太陽西下，模擬水族館裡裡外外有愈來愈多人湧入。為了不干擾人工模擬的光照，每個人都戴著發出鮮豔紅光的特殊頭燈——倒是很符合今晚的情境，因為大家來到這裡，就是希望能看到一場狂歡。

珊瑚的繁殖行為十分少見，也非常壯觀。在大堡礁每年會有一次，就發生在十一月或十二月滿月後的幾天。在這個名為「大量產卵（mass spawning）」的過程中，數十億隻珊瑚蟲會同步釋放出珠子般的精卵束。內有精子與卵子的精卵束在浮到海水表層後便會裂開。多數的配子會成為魚兒的食物，要不就是隨波逐流，只有幸運的配子能夠完成受精，形成珊瑚胚胎。

水槽中的珊瑚若養在正確的環境中，就會跟生活在海中的親戚同步產卵。對范・歐朋的團隊來說，產卵期是推進珊瑚演化的一個關鍵時機。他們的計畫是趁著水槽的珊瑚產卵時，蒐集這些的精卵束，接著再像養鴿人一樣進行人工配種。其中一組團隊希望把從水溫較暖的大堡礁北邊蒐集來的鹿角珊瑚，與南邊的鹿角珊瑚進行配種。另一組團隊則希望將軸孔珊瑚（*Acropora*）屬的不同種珊瑚相互配種，以創造出混種珊瑚。他們認為，非自然結合所產生的後代會比親代更具生存韌性。

那天晚上有好幾個小時，研究人員都不停在水槽邊徘徊。「今晚很關鍵，」有一位旁觀的科學家跟我說，「我感覺得出來。」在產卵之前，每隻珊瑚蟲會長出一小塊突出物，看起來就像珊瑚族群起雞皮疙瘩那樣，這就稱為「預備期（setting）」。我們看到有些珊瑚已經預備好了，但或許是因為謹慎，也或許是焦慮，遲遲未見產卵。隨後有些人開始放棄，紛紛跑去睡覺。模擬水族館有宿舍可供過夜休息，但因為已經滿了，所以我走到停車場，開車返回湯斯維爾。在黑暗中走路時，我聽到果蝠在樹上尖叫。我深信，隔天晚上就是關鍵之夜。

與其說大堡礁是個珊瑚礁，不如說它是珊瑚礁的綜合體（總量約為三千），面積更超過三四．九萬平方公里，比義大利還大。除非我孤陋寡聞，否則地球上應該沒有比這裡還壯觀的地方（或地方的綜合體）。我曾經在一座位於大堡礁南端，南迴歸線附近小島上的研究站待了一個星期。在這座名為「獨木（One Tree）」的小島外海浮潛時，我看到讓人目眩神迷的各種珊瑚：有枝枒的、灌木叢般的、長得像腦的、長得像盤子的，以及外型像扇子、花朵、羽毛與手指的珊瑚。此外我也看到鯊魚、海豚、鬼蝠魟、海龜、海參、露出驚恐眼神的章魚、歪嘴的大硨磲，以及比繪兒樂（Crayola）蠟筆還要繽紛多彩的各種魚類。

在一片健康的珊瑚礁中能找到的物種數量，可能比地球上任何面積相當的區域——包含亞馬遜雨林——都要來得多。研究人員曾仔細檢視過某片珊瑚族群，並算出有超過八千隻生物、兩百種以上的物種棲居其中。其他研究人員透過基因定序的技術，去計算他們找到的甲殼綱生物的數量。在大堡礁北端，一個約莫籃球大小的珊瑚族群當中，他們就找到了超過兩百種物種——多數是螃蟹與蝦子；而在大堡礁南端某個相同大小的珊瑚族群中，他們辨識出將近兩百三十種物種。據估計，全世界有一百萬到九百萬個物種棲息在珊瑚礁中，雖然執行這項甲殼綱生物研究的科學家斷定，即便是數目最大的估計值，可能也都低估了。他們寫道，「珊瑚礁的多樣性」很有可能一直被「嚴重低估」。

若我們把周遭環境納入考量，這樣的多樣性就更值得注意了。珊瑚礁只存在於赤道南北三十度所夾起來的範圍內。這個緯度的海水上下層比較沒有對流，因此氮與磷等基本營養物質較為缺乏。（熱帶地區的水看起來無比清澈，也是由於很少生物能在此生存的關係。）科學家一直很困惑，珊瑚礁如何在這麼嚴峻的環境中維持生物多樣性——此道難題也稱為「達爾文悖論（Darwin's paradox）」。我們能找出的最佳解答是，住在珊瑚礁中的生物已演化出最極致的循環系統：某個生物的垃圾，能成為鄰居的寶藏。「在珊瑚城市中，沒有所謂的廢物，」與庫斯托共事的海洋生物學家理查．C.墨菲（Richard C. Murphy）曾寫道，「任一有機體產出的副產品，都是另一種有機體的資源。」

因為沒有人知道有多少生物仰賴珊瑚礁維生，自然就沒有人說得出有多少生物會因珊瑚礁消失而受到威脅；但顯然數目非常龐大。據估計，四分之一的海洋生物至少有一部分時間會生活在珊瑚礁中。澳洲國立大學（Australian National University）的生物學家羅傑・布萊伯利（Roger Bradbury）指出，如果珊瑚礁消失了，海洋看起來就會有如回到五百萬年前的前寒武紀（Precambrian times），那時還未演化出甲殼綱生物。「整個會是黏糊糊的一片。」他表示。

大堡礁隸屬於由大堡礁海洋公園局（Great Barrier Reef Marine Park Authority）所管理的國家公園，該單位有個詭異的縮寫名稱：「GBRMPA」（英文發音是「gabrumpa」）。在我造訪澳洲的前幾個月，GBRMPA發表了最新的「展望報告」，他們每五年就得出版一次。報告中指出，珊瑚的長期前景從上一次報告的「糟」降級為「非常糟」。

就在GBRMPA發表這份前景堪憂的評估報告之際，澳洲政府核准了新的大型煤礦坑興建計畫，位置就在模擬水族館南邊幾小時車程的地方。這個礦坑時常被形容為「巨無霸礦坑（mega-ming）」，預計會利用大堡礁附近的阿博特角港（Abbot Point），將多數的煤礦運往印度。就如同許多新聞評論員所指出的，拯救珊瑚與開採更多的煤是難以共存的兩種活動。

「世界上最瘋狂的能源工程。」《滾石》（*Rolling Stone*）雜誌下了這個評論。

巧的是，GBRMPA設於湯斯維爾的總部就位在一座空了一半的購物中心內。在湯斯維爾的第二天，我走去購物中心並與GBRMPA的首席科學家大衛．瓦臣費爾德（David Wachenfeld）談話。

「若在三十年前，大家早早便針對氣候變遷採取積極作為，我們現在的對話也就根本不必發生。」瓦臣費爾德對我說。他身穿一件繡了澳洲聯邦（Australian commonwealth）徽章的深藍色POLO衫，上面有隻盯著鴯鶓看的袋鼠。「我們更傾向的討論方向是，只要我們保護好海洋公園，珊瑚礁會自己照顧好自己。」

他說，就目前的狀況而言，我們需要採取介入更深的手段。GBRMPA已經和許多大學與研究機構攜手合作，計畫要斥資一億澳元（約七千萬美元）找出能拯救大堡礁的辦法。其中包含部署水下機器人在受傷的珊瑚礁區播種、開發某種能遮蔽珊瑚礁的超薄薄膜、將深海裡的水抽到上層幫助珊瑚降溫，以及讓海上方的雲增白（cloud-brightening）。最後那一項增白技術指的是向空中噴灑鹽水，並創造出某種人工薄霧。這些鹽水薄霧（至少在理論上）會促成淺色雲朵形成，而且能將陽光反射回太空，以抵減全球暖化的影響。

瓦臣費爾跟我說，我們可能會需要同時使用這些新科技，比如用機器人把基因經過強化的幼體，送到有薄膜或人工薄霧遮蔽的珊瑚礁中。「現在已經出現各式各樣頗富想像力的創新發明了。」他說。

✦ ✦ ✦

那天晚上，我開車回到模擬水族館。在停車場附近，我注意到一群野豬在四處覓食。這些長得胖嘟嘟、圓滾滾的「與人共居生物」似乎過得很開心。學生跟研究人員紛紛從宿舍走了過來。當模擬版太陽在模擬版海洋落下時，這個地方又再度活躍了起來，有許多紅光在黑暗中像螢火蟲般來回穿梭。

昨晚在這裡的人全都回來了。除了跟范．歐朋合作的團隊之外，我發現有一組人員正計畫將珊瑚的配子冷凍保存，當成抵抗末日來臨的一種保險措施；也有一組人馬想要操控珊瑚胚胎的基因。現場還有一些新面孔——有一批電影製作人從雪梨飛過來。（如果我們其他人是珊瑚偷窺狂的話，那這些電影製作人在我看來，就是拍色情片的傢伙。）

負責經營模擬水族館的科學院執行長保羅．哈迪斯提（Paul Hardisty）也來觀賞這場盛會。來自加拿大的哈迪斯提有一副類似牛仔那種高瘦的身材。我問起關於珊瑚礁前景的問題，他同時是沮喪與興奮參半的。

「我們談的可不是珊瑚造景，」哈迪斯提跟我說，「而是大規模、工業規模——跟全部珊瑚礁一模一樣大——的介入手段。雖然這條路很艱辛，但在全世界最聰明的腦袋同心協力之下，我們有個結論：這是可行的。」為了協助研究工作進行，模擬水族館將會擴建；哈迪斯提說，如果我幾年後再回來，這裡會擴大成目前規模的兩倍。

「但沒有一勞永逸的辦法，」他接著又說，「我們需要把各種策略結合起來，譬如結合雲增白與輔助演化的手段。我們需要工程技術，因為必須找出在短時間內帶改變的方式。我們也需要向大型藥廠取經，以找出能夠大規模分送的技術機制。或許——我不確定——我們會使用小型的藥丸。」

數道紅寶石般的光芒突然投射在我們身旁。「要是有誰以為人類不需要其他事物就能活下去，那根本是非常傲慢自大的想法，」哈迪斯提說，「我們都來自這顆星球。話說，我好像講得有點太哲學了。我得回家去看曲棍球比賽了。」

我們等待著珊瑚醞釀情緒的這段時間，沒什麼事可做。站在黑暗中，我發現自己也想得「有點哲學」。當然，哈德斯提說得對：自以為導致大堡礁滅亡的人類不會蒙受任何後果，那是很傲慢的想法。但難道想用上一種規模「跟全部珊瑚礁一模一樣大的介入手段」，就不算一種傲慢嗎？

當達爾文將「人擇」與「天擇」相提並論時，他很清楚哪一個比較強大。育鴿者做過很多厲害的事情，並培育出許多人看來就像是截然不同鳥類的鴿子。（達爾文後來也理解了，包含扇尾鴿和突胸鴿在內的鴿子其實都是岩鳥〔rock pigeon，學名是 *Columba livia*〕這種鳥的後代。同理，養狗的人也培育出灰獵犬（greyhound）、柯基、鬥牛犬與西班牙獵犬。這份清單可以無限延伸：羊舍裡的母羊、果園中的梨子、糧倉中的玉米——全都是世世代代細心育種的結果。

然而，若從宏觀的角度來說，人擇只不過是在邊緣做修補工作。至於（無情但有無限耐心的）天擇才是造就無比驚人之生物多樣性的力量。在《物種源始》的最後一章有一段經常被引述的段落，達爾文想像了一個畫面：「樹木交錯的河岸邊，有種類多樣的許許多多植物覆蓋其上，群鳥在灌木叢中鳴叫，各種昆蟲飛來飛去，有蟲爬過潮溼的土壤。」這些「構造精巧的生命形式彼此差異這般巨大，但又以複雜的方式相互依存。」而這些，都是由同一種無意識、且非人為力量所促成的。

「這種看待生命的觀點極其壯麗。」達爾文要他的讀者放心，因為他想像他們在讀了四百九十頁的書之後，還是會持懷疑的態度。從最初於原始泥濘中跌跌撞撞的簡單生物體開始，「最美麗、奇特的無數種生命形式就已經在演化中，至今依然如此。」

大堡礁可被視為某種終極版「樹木交錯的河岸」。在它形成的過程裡，也經歷了數千萬年的演化，光是拳頭大小的一片珊瑚礁就具有高度的生命力，並擠滿「以複雜的方式相互依存」的生物，就連生物學家也可能永遠無法完全掌握生物之間的關係。而起碼到今日，大堡礁依舊持續生生不息。

我在澳洲談話過的所有對象心中都明白，要完全保育壯麗的大堡礁是個不切實際（甚至超乎想像）的願望。就算只打算照料十分之一的大堡礁，也相當於要能遮蔽與瑞士面積相同的範圍，並讓機器人在其間播種。最樂觀的結果是，我們還能保有某個縮小版的「普堡礁（Okay Barrier Reef）」。

「如果我們能把珊瑚礁的壽命延長二、

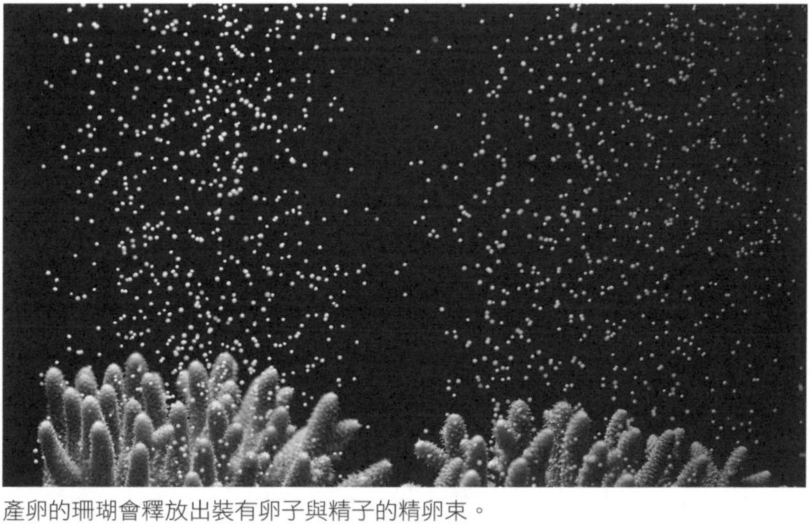

產卵的珊瑚會釋放出裝有卵子與精子的精卵束。

三十年，那就可能有足夠時間讓全球對碳排放量採取行動，也就能保住某些活體的珊瑚礁，而非落得一無所有，」哈迪斯提跟我說，「我的意思是，不得不討論這些事讓人感到悲哀，但現實就是如此。」

我在模擬水族館的第二晚也希望落空。有些預備好的珊瑚族群只釋放出研究人員稱為「涓涓細流（dribble）」的東西。因此隔天晚上，我再度前往模擬水族館。

現在我知道可以期待什麼了。太陽下山時，研究人員會戴上頭燈，並在水槽之間走動。如果他們注意到某個珊瑚族群完成準備，那麼珊瑚就會被移出水槽，放入獨立的水桶中。那天晚上，有許多鹿角珊瑚都準備完成，也因此讓人手忙腳亂。現場的地上擺著一排排的水桶。有些珊瑚族群來自大堡礁南端著名的凱珀爾區（The Keppels）；其他則來自水族館以北幾百英里遠的戴維斯珊瑚礁（Davies Reef）。若在自然的狀況下，距離如此遙遠的珊瑚礁是沒有機會配對在一起的——而這個實驗的重點本來就不是要順應自然規律。

博士後研究員凱特．昆格里（Kate Quigley）負責進行配對，並統籌多由大學部志願者組成的團隊。她把紅色光源戴在頸部，像是發光的護身符。昆格里已經擺好數十個塑膠容器，若一切順利，就能讓珊瑚礁相互配對。她解釋，在容器中形成的胚胎，會被移到小型水槽並接受高溫的壓力測試。存活下來的珊瑚之後會被給予不同的共生生物，其中就包含我在墨爾本看到的那些實驗室演化出來的種類，接著也要再接受更多壓力測試。

「真想把牠們逼到極限，」昆格里跟我說，「我們真的想找到精英中的精英。」

我在獨木島的時候，很幸運能在珊瑚產卵期的半夜到海中浮潛。那景色就像阿爾卑斯山上的暴風雪，只不過是上下顛倒的。就連在水桶中，珊瑚產卵的畫面也充滿驚奇。起初，只有少數珊瑚蟲釋放精卵束；接著，剩下的珊瑚好像接收到某種神祕的指示，便跟著釋放。精卵束抵抗地心引力在水中上升，浮到水面時還形成了粉紅色的表層。

「這是自然界真正的奇蹟。」我無意中聽到基因改造團隊的某位科學家自言自語。

隨著一個又一個珊瑚族群開始產卵，昆格里也指揮起她的志工大隊。她交給每位學生一個碗與細孔的篩網。她用移液管將水桶中精卵束的配子取出，並分散放到篩網中。若是在自然環境下生長的珊瑚礁，精卵束會在海浪中裂開；但在模擬水族館裡，這就必須以手工來完成。昆格里吩咐學生要不停晃動精卵束，直到內容物釋放出來為止。精子會掉到碗中，而尺寸比較大的卵子則會留在篩網上。

學生們聚精會神地旋轉著濾網。這些卵子看起來就像小小的粉色胡椒粒。而碗中的精子看起來，呃，就跟你想的一樣。

「有需要的話，我可以帶走你的精子。」我聽到一位年輕女性這麼說。

「好，把我的這碗精子拿走吧。」一名年輕男性答道。

「這種對話只有在這裡說才不會有事。」另一名學生說道。

昆格里在她的筆記本中記錄著後續交叉配對的規畫。在她的督導下，這些學生將不同片珊瑚礁的精子與卵子混合在一起。他們持續忙到深夜——直到所有孤獨的珊瑚都找到配偶為止。

3

在北歐神話中，奧丁（Odin）是非常強大的神，但也是個騙子。他只有一隻眼睛，因為他犧牲了自己另一隻眼睛以換得智慧。他有許多能力，比方說能令死者復生、讓風暴歸於平靜、治療病患，以及使敵人眼盲。他常會把自己變成動物，在他變成蛇的時候，他獲得了詩歌的天賦，並在無意間傳給凡人。

設立在加州奧克蘭的奧丁公司（The Odin）專售基因工程的工具包。該公司創辦人約西亞．柴納（Josiah Zayner）有一頭驚人的金髮，身上不僅穿了很多洞，還有刺青寫著：創造美麗的事物。他有生物物理學博士學位，也是著名的煽動者（provocateur）。他的驚人之舉包括成功誘導自己的皮膚產生發出螢光的蛋白質、吞下朋友的糞便進行糞便微生物的DIY移植，還有試圖讓體內一種基因失效，以長出更大的二頭肌。（他承認，最後一項嘗試失敗了。）柴納自稱為「基因設計師」，他說他的目標是要讓人取得能在閒暇之餘改變生命的必要資源。

奧丁公司的產品很多元，有一個寫著「生物駭客改變星球（Biohack the Planet）」、售價三美元的酒杯，也有售價一八四九美元的「基因工程家庭實驗室工具包」，裡面包含一台離心機、一台聚合酶連鎖反應儀，以及一台凝膠電泳槽。我選擇了價位中等的產品：「細菌CRISPR與螢光酵母菌組合工具包」，一共花了我兩百零九美元。東西裝在一個紙箱裡送來，紙箱外印有公司標誌：由雙螺旋組成的圓圈中，有一棵枝葉茂密的樹。我認為這棵樹應該是代表世界之樹（Yggdrasil），在北歐神話裡，這棵樹的樹幹是從宇宙的中心長出來的。

在箱子裡，有各種實驗室工具——吸管尖、培養皿、拋棄式手套，還有幾個裝著大腸桿菌的小玻璃瓶，以及其他用來改造基因所需的工具。我把大腸桿菌放進冰箱，就放在奶油的旁邊。其他的玻璃瓶則放到容器中，與冷凍庫的冰淇淋擺在一起。

基因工程到現在已經步入中年階段。第一種基因改造的細菌在一九七三年出現。沒多久，在一九七四年就有基因改造老鼠；一九八三年則出現基因改造的菸草。第一種獲准供人類食用的基因改造食品是一九九四年的「佳味（Flavr Savr）番茄」；但這項產品不受青睞，在幾年後就停產了。約莫同一時間，基因改造的玉米與黃豆也出現了；但跟佳味番茄截然不同的是，在美國多少都能看到這些作物的身影。

在過去十年左右，CRISPR的出現為基因工程領域帶來很大的轉變。CRISPR是一整套（大多是跟細菌借來的）技術的簡稱，而這些技術能讓研究人員與生物駭客大幅減低操控DNA的難度。（CRISPR的完整名稱是「常間回文重複序列叢集〔clustered regularly interspaced short palindromic repeats〕」。）CRISPR讓使用者能剪去一段DNA序列，之後可再選擇將這段序列拋棄，或者用新的序列取而代之。

這項技術帶來的可能性可謂無限大。珍妮佛・道娜（Jennifer Doudna）是加州大學柏克萊分校的教授，也是CRISPR技術的研發者之一，她曾說，現在有了「一種能讓我們任意改寫生命體中每個分子的方式。」有了CRISPR技術，生物學家已創造出許多生物，包含聞不到味道的螞蟻、長著超級英雄般肌肉的米格魯、能抵抗豬瘟的豬、患有睡眠障礙的獼猴、沒有咖啡因的咖啡、不下蛋的鮭魚、不會長脂肪的老鼠，還能在細菌的基因中，用代碼形式儲存埃德沃德・邁布里奇（Eadweard Muybridge）著名的動態賽馬連續照片。幾年前，中國科學家賀建奎宣布，他培育出世界首例經CRISPR基因改造的人類：一對雙胞胎。根據賀建奎的說法，這兩個女孩的基因被改造成能抵抗愛滋病毒，但還不清楚事實是否如此。在消息公布不久後，他就被軟禁在深圳。

我對遺傳學（genetics）幾乎一無所知，高中後再也沒做過科學實驗。儘管如此，跟著奧丁公司附在箱內的指示，我可以在一週之間，創造出全新的有機體。首先，我先讓大腸桿菌在其中一個培養皿上形成菌落。接著我從冷凍庫拿出不同的蛋白質與一些DNA改造工具，並把菌落浸泡其中。這個過程會將細菌基因組的一個「字母」交換掉——以C（胞嘧啶）取代掉A（腺嘌呤）。透過這樣的修改，改良過的新大腸桿菌就能夠睥睨鏈黴素（streptomycin）這種強大的抗生素。雖然在廚房中改造出具抗藥性的大腸桿菌讓我覺得有點詭異，但我確實感受到了某種成就感。這也讓我決定要進行工具包中的第二項任務：在酵母菌中嵌入水母的基因，讓牠發亮。

位於吉朗（Geelong）的澳洲動物健康實驗室（The Australian Animal Health Laboratory）是世界上受到最嚴密控管的實驗室之一。這座實驗室位於兩座大門之後，而第二道門是專為抵擋卡車炸彈而設計的。有人跟我說，這座水泥牆的厚度禁得起飛機撞擊。設施內有五百二十道氣密門，並有四種安全等級。「若殭屍來襲，你會希望自己能待在這裡。」一位工作人員跟我說。在最高安全層級管制區內——四級生物安全等級——處理的是裝有地球上最棘手的動物傳播病原體的小玻璃瓶，其中也包含伊波拉病毒（Ebola）病毒。（電影《全境擴散》（*Contagion*）的台詞就曾點名過這座實驗室。）在四級生物安全等級單位工作的人不能在實驗室中穿自己的衣服，而且在回家至少三分鐘以前，必須先淋浴。對他們來說，設施裡的動物全都不能離開這裡。「離開的唯一途徑只能經由焚化爐。」有位員工這樣跟我說。

吉朗位於墨爾本的西南方，車程約為一小時。在我見到范．歐朋的同一次行程中，我也造訪了這座縮寫為AAHL（與「maul」同韻腳）的實驗室。我聽說那裡正在進行基因編輯實驗，為此大感興趣。由於生物防治手段再度失敗的關係，一種名為甘蔗蟾蜍（cane toad）的大型蟾蜍成了澳洲人的心頭大患。AAHL的研究者延續著不斷自我重覆的人類世邏輯，希望能用新一輪的生物控制手段來解決這場災難。他們的計畫也包含用CRISPR技術修改蟾蜍的基因組。

負責這項計畫的生物化學家馬克．提薩（Mark Tizard）同意帶我去現場參觀。提薩的身材高瘦，留著有瀏海的白髮，一雙藍眼睛炯炯有神。一如我在澳洲遇到的許多科學家，他也不是本國人，而是來自倫敦。

在研究兩棲類之前，提薩主要研究的是家禽。幾年前，他跟一些AAHL的同事將水母的基因嵌入母雞體內。這種基因跟我準備要嵌入酵母菌的一樣，帶有會發出螢光的蛋白。因此，擁有此基因的雞會在紫外燈下發出詭異的光芒。提薩接著又找出一種嵌入基因的方法，得以使會發光的基因只傳給雄性後代。這麼一來，即便小雞還在蛋殼裡，就能讓人辨別出性別。

提薩知道很多人對經過基因改造的生物感到害怕。他們認為吃這些生物非常噁心，也極度厭惡讓這些生物問世的做法。雖然他不像是柴納那樣的煽動者，但卻也深信這些人的看法大錯特錯。

「我們有一種雞會發出綠光，」提薩跟我說，「某次有個學校團體來訪，當他們看到綠色雞的時候，有些小朋友說：『哇，太酷了。請問如果吃了這些雞，我會變綠色嗎？』我回答：『你本來就會吃雞肉對嗎？那你有長出羽毛跟雞嘴嗎？』」

無論如何，按照提薩的看法，現在才在擔心這一小部分的基因問題未免為時已晚。

「在澳洲的自然環境裡，你會看到尤加利樹、無尾熊、笑翠鳥（kookaburras）等生物，」他說，「在我這個科學家眼中，看到的是多重版本的尤加利樹基因組、多重版本的無尾熊基因組，以此類推。這些基因組都在互相交流。接著，突然之間——『碰』一聲，你把別的基因組放過來，也就是甘蔗蟾蜍的基因組，而因為過去牠從未出現在這裡，所以與其他基因組的交流成了大災難——牠把其他基因組給消滅殆盡了。」

「大家沒看到的是，這已經是個基因修改過的環境。」他接著說道。入侵物種會改變環境，因為牠們帶來完全不屬於這裡的基因組。相較之下，基因工程師不過是在東一點、西一點改變一小部分的DNA。

「我們做的事可能只是在蟾蜍兩萬個基因之中，加上約莫十個原本不存在的基因，但那十個基因會破壞其他的基因、把蟾蜍從生態系統中移出並回復平衡，」提薩說，「一般人對分子生物學（molecular biology）最經典的問題就是：『你們在扮演上帝嗎？』嗯，當然不是。我們是利用對生物體的理解，摸索著該如何讓受損的生態系獲得改善。」

甘蔗蟾蜍的學名是*Rhinella marina*，身上有棕色斑點、粗壯的四肢與凹凸不平的外皮。要形容這種動物的外觀，很難不強調尺寸。「甘蔗蟾蜍是體型巨大、長著疣的蟾蜍科生物。」美國魚類與野生動物管理局寫道。「坐在路邊的大型甘蔗蟾蜍容易讓人誤以為是圓石。」美國地質調查局也評道。紀錄上最大的甘蔗蟾蜍身長約三八·一公分，重達二·七公斤——跟吉娃娃一樣重。一九八〇年代，在布里斯本的昆士蘭博物館中，有一隻名為貝提·戴維斯（Bette Davis）的蟾蜍，牠長度約為二四公分，幾乎跟餐盤一樣寬。只要是能塞進牠大嘴裡的東西，這隻蟾蜍幾乎什麼都吃，從老鼠、狗糧以及其他的

甘蔗蟾蜍——統統沒問題。

甘蔗蟾蜍的原生地是中南美洲與德州的最南端。有人在十九世紀中將其引進加勒比海地區。原先的想法是要讓蟾蜍去應付對當地經濟作物甘蔗造成危害的甲蟲幼蟲。（甘蔗也是外來物種；原本生長於新幾內亞。）這些蟾蜍從加勒比海地區被人送到了夏威夷，再從夏威夷送到澳洲。一九三五年，有一百零二隻蟾蜍被裝上開往檀香山的蒸汽船，其中一百零一隻活了下來，最後來到澳洲東北海岸某個種植甘蔗的鄉村研究站。在一年內，牠們產出超過一百五十萬顆

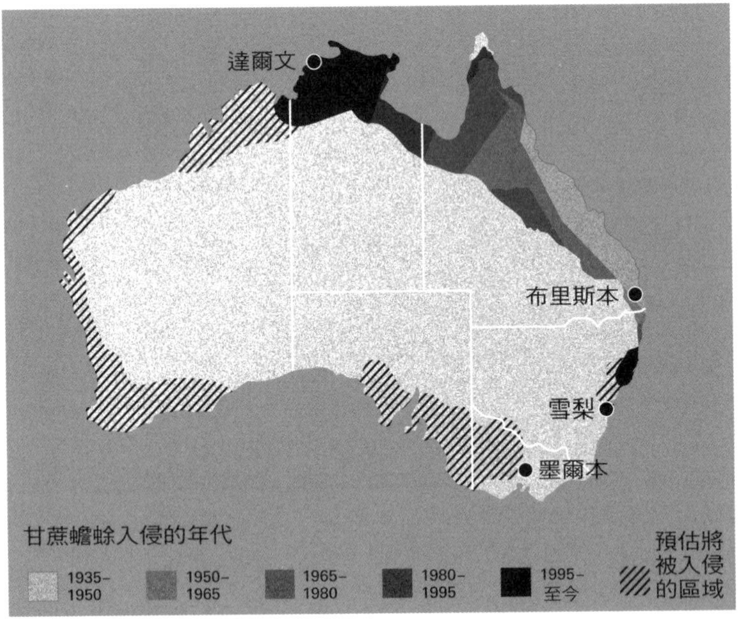

自從甘蔗蟾蜍被人引入之後，牠們已經擴散至澳洲多處。目前估計牠們還會持續拓展地盤。

卵。這些小蟾蜍被人刻意放入該區的河川與池塘中。

許多人質疑蟾蜍對甘蔗是否真的有益。因為吃甘蔗的幼蟲棲息在離地很高的地方，這種體型相當於圓石大小的兩棲類碰不到牠們。但這並沒有打倒蟾蜍，因為牠們又找到許多其他東西吃，並且持續繁衍大量的小蟾蜍。從昆士蘭海岸的一小塊地方開始，牠們往北擴散至約克角半島（Cape York Peninsula），往南挺進新南威爾斯州（New South Wales）。在一九八〇年代的某個時間點，蟾蜍進入了北領地（Northern Territory）。在二〇〇五年，牠們抵達位於北領地西部，離達爾文（Darwin）不遠處的中點區（Middle Point）。

這一路上發生了有趣的事情。在蟾蜍攻城掠地的前期，牠們的入侵速度大概是每年九．六公里。幾十年後變成每年約十九．二公里。當牠們抵達中點區時，已經加速到每年四八公里。研究人員在測量最前線的蟾蜍大小時，他們找到了原因。最前線的這些蟾蜍的腿與昆士蘭的蟾蜍相比明顯長了許多，而且這項特質是會遺傳的。《北領地新聞》（*Northern Territory News*）將這則消息放在頭版，標題是〈超級蟾蜍〉。文章的配圖是一張穿著披風的甘蔗蟾蜍合成圖。「這些入侵北領地的可惡甘蔗蟾蜍仍在持續演化中。」報導大嘆。此現象跟達爾文的說法不同，演化的過程似乎「能」讓人類觀察得到。

甘蔗蟾蜍不僅體積大得惱人；從人類的角度來看，外觀還很醜：突出的頭骨，外加那一臉鄙夷的神情。但這種動物真正「討人厭」之處，其實是其身體的毒性。若成年蟾蜍被咬到或感覺受威脅，就會釋放出一種乳白色黏液，裡面有足以導致心臟停止的化合物。甘蔗蟾蜍的毒性時常讓狗遭殃，症狀從口吐白沫到心跳停止都有。笨到去吃甘蔗蟾蜍的人，通常最後都死了。

澳洲原先沒有有毒的蟾蜍；事實上，這裡最初根本沒有蟾蜍。所以當地的動物都尚未演化到懂得提防牠們。甘蔗蟾蜍的案例有點像美國鯉魚案例的翻版，但角度又有些不同。鯉魚在美國之所以造成麻煩，是因為沒有生物要吃牠們；但甘蔗蟾蜍成為澳洲的威脅，是因為所有生物都想吃牠們。因捕食甘蔗蟾蜍而導致數量銳減的物種清單長度相當長，並且包羅萬象。其中包含澳洲人稱為「freshies」的澳

一位澳洲小女孩與她的寵物甘蔗蟾蜍「冰雪皇后（Dairy Queen）」。

洲淡水鱷（freshwater crocodile）；身長可達一．五公尺長的黃斑巨蜥（yellow- spotted monitor lizard）；其實就是一種小蜥蜴的北部藍舌蜥蜴（blue-tongued lizards）；看起來像小型恐龍的橫紋長鬣蜥（water dragon）；在英文中蛇如其名、帶有毒性的南棘蛇（common death adder）；以及也有毒性的巨棕蛇（king brown snake）。目前，這份受害者名單裡的冠軍，是長相可愛的有袋目動物：北部袋鼬（northern quoll）。北部袋鼬體長約三十公分，有尖尖的臉和長了斑點的棕色皮毛。當袋鼬寶寶離開母親的育兒袋之後，母親會揹著小袋鼬四處走。

為了要減緩甘蔗蟾蜍的侵略速度，澳洲想出各種巧妙與笨拙程度不一的對策。蟾蜍終結者（Toadinator）是一種搭載行動式喇叭的陷阱，能播放甘蔗蟾蜍的鳴叫聲（有人覺得聽起來像電話撥號聲，有人則認為像馬達的嗡嗡聲。）昆士蘭大學的研究人員研發出一種誘餌，能夠引誘甘蔗蟾蜍的蝌蚪並消滅牠們。還有人會用空氣步槍去射蟾蜍、用錘子重擊、用高爾夫球桿暴打、故意開車輾壓、把牠們黏在冷凍庫直到結凍、對牠們噴一款名為「止跳（HopStop）」的化合物（這項產品保證「能在幾秒內讓蟾蜍癱瘓」，並在一小時內送牠們上西天）。各地社區也會招募「蟾蜍剋星」義勇軍。有個名為「金百利蟾蜍剋星（the Kimberley Toad Busters）」的團體建議，澳洲政府應該為捕獵蟾蜍提供獎金。該團體的訴求精神是：「如果人人都是蟾蜍剋星，那蟾蜍會被剋到死！」

當甘蔗蟾蜍開始引起提薩的興趣時，他其實沒親眼看過這種動物。吉朗位於維多利

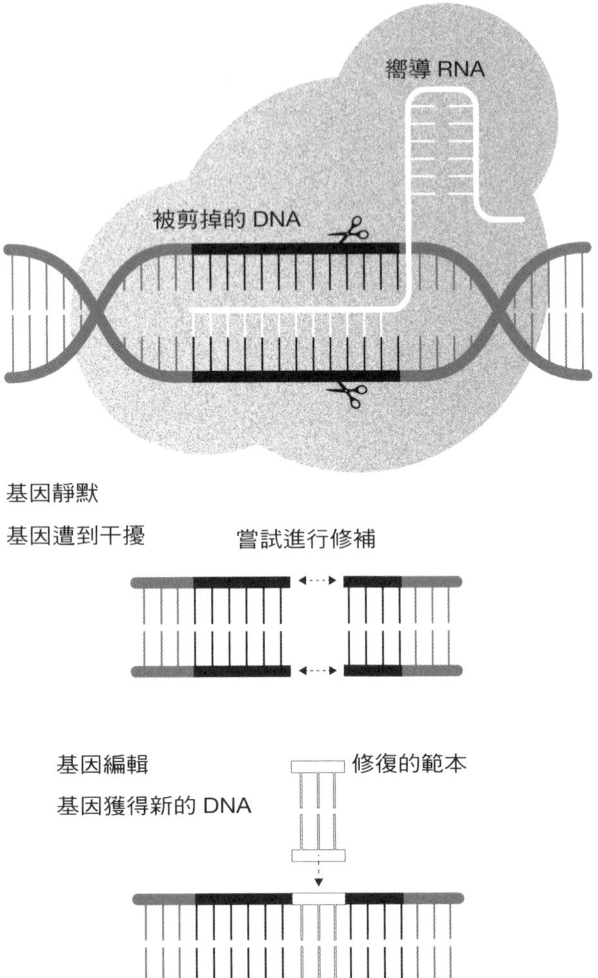

在 CRISPR 的技術中，嚮導 RNA（guide RNA）用來鎖定要被剪掉的 DNA 段。在細胞試圖修補損傷時，經常會發生錯誤，導致基因失去功能。如果這時提供「修復的範本」，就能引入新的基因序列。

亞州南部，蟾蜍尚未進犯。但在某一天的會議上，他隔壁坐著研究兩棲類的分子生物學家。她對他說，雖然大家不斷努力打擊蟾蜍，但牠們仍在持續擴散。

「她說，這實在很惱人，若能有什麼新的解決方法就好了，」提薩回憶道，「然後，我坐下來抓了抓頭。」

「我心想：毒素是透過代謝產出的，」他又說道，「也就是酵素，而酵素的產生必然有相關的基因編碼。嗯，我們有能毀掉基因的工具，或許也能毀掉生成毒素的基因。」

提薩找了博士後研究員凱特琳·庫柏（Caitlin Cooper）來幫忙處理這個技術。庫柏有頭及肩的棕長髮，笑聲很有感染力。（她也不是本地人，而是來自麻薩諸塞州。）過去沒有人對甘蔗蟾蜍做過基因改造，所以庫柏需要自己找出方法。她發現，蟾蜍的卵不僅要先洗過，還得用非常細的移液器快速刺穿，否則卵就會開始分裂。「我花了一點時間精進顯微注射技術。」她跟我說。

庫柏先著手改變甘蔗蟾蜍的體色，她把這件事當成某種暖身活動。某個關鍵的色素基因裡含有能讓蟾蜍（人類也一樣）製造酪胺酸酶（tyrosinase）的編碼，而酪胺酸酶能控制黑色素的生成。庫柏推測，若是讓這個色素基因失去作用，就能產出淡色而非深色的蟾蜍。她在培養皿中混合了一些精子與卵子，並在生成的胚胎中，以顯微注射技術注入數種CRISPR的相關混合物，並靜待結果。最先出現了三隻有奇怪斑點的蝌蚪——其中一隻死掉了，而另外兩隻（都是雄性）順利長成小蟾蜍。牠們被取名為小花與金金。「結果出爐時，我簡直欣喜若狂。」提薩跟我說。

庫柏接著把焦點轉向「破壞」蟾蜍的毒性。甘蔗蟾蜍將毒素存在肩膀上的腺體中。若光憑毒素本身，那只會讓人作嘔。但蟾蜍遭到攻擊的時候，會產生一種蟾蜍毒鹼水解酶（bufotoxin hydrolase），能將毒素的毒性提升一百倍。透過CRISPR的技術，庫柏編輯出第二批胚胎的基因，她刪掉了帶有蟾蜍毒鹼水解酶編碼的基因，結果一批沒有毒性的小蟾蜍就誕生了。

我們聊了一陣子之後，庫柏說要帶我去看蟾蜍。我們要進到AAHL的更深處，也就是要穿過更多道氣密門與層層安全保護措施。我們的衣服外都穿著實驗衣，鞋上也套著鞋套。庫柏對我的錄音機噴了某種清潔劑。告示牌上寫道：隔離區；誤闖將受重罰。我決定最好還是別提起奧丁公司，還有我那些不安全的基因編輯經驗。

大門後面像是一座無菌牧場，不同尺寸的柵欄裡有許多動物。裡面聞起來像是醫院與兒童動物區（petting zoo）的綜合體。在一堆老鼠籠的附近，已除去毒性的小蟾蜍在塑膠箱中跳來跳去。現場有數十隻小蟾蜍，大約十週大，體長約為七．六公分。

「看得出來牠們很活潑。」庫柏說。箱子裡放了我們所想得到蟾蜍會需要的東西：假植物、一盆水，以及一盞日曬用強光燈。我想到《柳林中的風聲》（*The Wind in the Willows*）中的蟾蜍莊園（Toad Hall），「各種現代化的便利設施應有盡有。」有隻蟾蜍伸出舌頭抓到一隻蟋蟀。

「牠們什麼都吃，」提薩說，「而且還會同類相食。若小蟾蜍遇到大蟾蜍，就會變成牠們的午餐。」

要是把這群無毒的蟾蜍放到澳洲的鄉間，牠們大概活不了多久。有些會成為澳洲淡水鱷、蜥蜴與南棘蛇的午餐，另外有些則會被在這塊大陸上跳來跳去的數百萬隻有毒蟾蜍給淘汰。

提薩想用這些蟾蜍教育動物。針對袋鼬所做的研究顯示出，這種有袋類經過訓練後，會懂得避開甘蔗蟾蜍。餵袋鼬吃含有催吐劑的蟾蜍「香腸」，牠們就會把蟾蜍與噁心的感覺連結起來，並學會不要吃蟾蜍。根據提薩的說法，無毒的蟾蜍更適合當成訓練工具：「如果掠食者吃了之後變得病懨懨但又不至於死亡，以後就會知道：『我再也不要吃蟾蜍了。』」

在無毒蟾蜍被用來教導袋鼬（或用於其他用途）之前，需要先取得各種政府許可。

在我拜訪的時候，庫柏與提薩尚未著手處理相關的文件申請作業，而且他們已經在思索其他的解決方案了。庫柏認為，有可能藉由調整基因，誘導蟾蜍產出卵粒外的膠質膜，讓卵無法順利孵化。

「聽到她說起這個想法時，我覺得實在太天才了！」提薩說，「如果有辦法降低牠們的繁殖力，這種手段可說是價值連城。」（一隻雌甘蔗蟾蜍一次能產出高達三萬顆卵。）

距離這些去除毒性的蟾蜍不遠處，小花跟金金待在牠們自己的箱內，牠們住處的裝潢更精緻，前方還放了一幅熱帶風景照供蟾蜍欣賞。牠們將近一歲大，而且已完全成熟，蟾蜍身體中央就跟相撲選手一樣，有一層又一層的肉。小花的身體大部分是棕色的，但有一隻黃色的後腳；金金比較色彩繽紛，牠後腳是白色的，而在前肢與胸口則有淺色斑點。庫柏把戴著手套的手伸入箱中，抓起他跟我說過很「漂亮」的金金，然後牠立刻尿在她身上。金金看似在奸笑，但我其實知道那不是真的奸笑。對我來說，牠長了一張只有基因工程師才會愛上的臉孔。

根據小朋友在學校學到的標準版遺傳學，遺傳就像是擲骰子。比方說一個人（或一隻蟾蜍）從母親那邊獲得某種名為A的基因，但從父親那邊獲得A1這個會與A競爭的基因；那麼他的小孩繼承到A或A1基因的機率就是相等的，接著可以此類推。隨著每個新世代產生，A跟A1都會依照機率法則代代相傳下去。

但就跟學校會教的其他東西一樣，這種說法只有部分正確——有遵守規則運作的基因，但也有反抗規則的基因。這些違法的基因以各種不正當手段讓自己占上風：有些基因會干擾對手基因的複製過程；有些基因會產出更多份的自己，以增加被傳下去的機率；還有一些基因會操控讓精子與卵子產生的減數分裂過程。這些違反規則的基因就稱為「驅動基因（drive）」。即便這些基因沒有帶來健康優勢——或甚至還造成健康耗損——它們被傳下去的機率仍超過一半。有些特別的自我驅動基因被傳下去的機率超過九成。在許多生物體身上都能發現潛藏的驅動基因，例如蚊子、粉扁蟲（flour beetle）與旅鼠（lemming）。如果有人額外花心力去找，一定能在更多動物身上找到。（不過最強大的驅動基因難以辨識出來，因為它們已讓其他版本消失無蹤了。）

從一九六〇年代起，生物學家就一直夢想著利用驅動基因的力量，在某種程度上駕馭這種驅動力。這個夢想現在已經實現，部分要歸功於CRISPR技術。

CRISPR在細菌體內扮演了免疫系統的角色；細菌也可說是這項科技的原始專利擁有者。擁有「CRISPR基因座（CRISPR locus）」的細菌能把來自病毒的DNA

片段併入自己的基因組裡，這些片段對細菌而言就跟嫌疑犯照片一樣，能用來辨識潛在的入侵者。接著，CRISPR關聯（CRISPR-associated，簡稱為Cas）酵素就會派上用場，其功用就像是把小刀。這些酵素會切入入侵者DNA的關鍵部位，使之失去作用。

基因工程師已經修改了這套CRISPR-Cas系統，也因此他們幾乎可以切出任何一段DNA序列。他們也找出方式誘導受損的序列，讓該序列願意將外部提供的DNA片段縫入自身。（我的大腸桿菌也是這樣受騙的，所以才能將腺嘌呤換成胞嘧啶。）因為

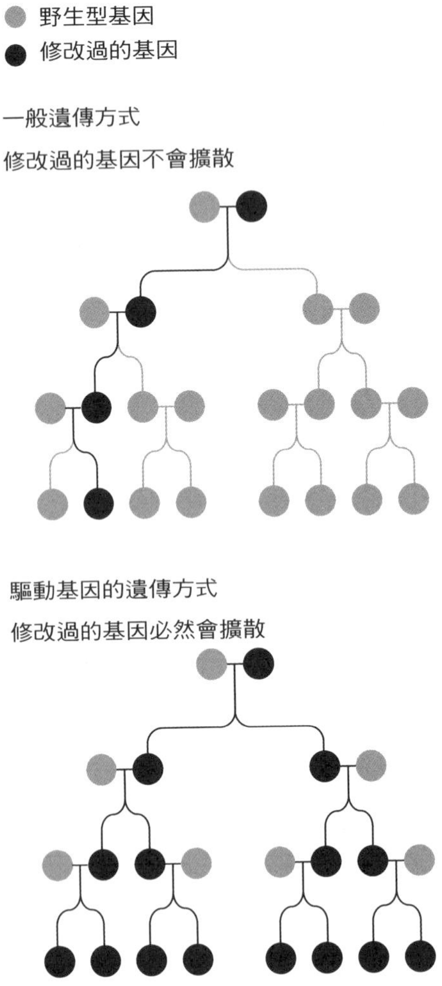

藉由人工的驅動基因，原本的遺傳規則會被推翻，而修改過的基因則會快速擴散。

CRISPR-Cas這個系統也是一種生物機制，所以當然也會被編碼在DNA中。後來這也成為創造驅動基因的關鍵所在——若將CRISPR-Cas基因嵌入有機體中，就能讓它變得能對自己進行基因改造。

二〇一五年，一組哈佛大學的科學家宣布，他們透過這種自我反身式的做法，在酵母中創造出一種人工驅動基因。（一開始有些酵母是奶油色的，有些是紅色的，在幾個世代後，產出的菌落已全都變成了紅色。）三個月後，加州大學聖地牙哥分校的研究人員宣布，他們也用同一種方式在果蠅體內創造出人工驅動基因。（果蠅通常是棕色的；但這種驅動基因會加強白化症的基因，因而產生黃色的後代。）又再過了六個月，第三組科學家宣布，他們造出了含驅動基因的瘧蚊。

如果CRISPR以人工驅動基因造就了「改寫生命分子」的能力，那麼這種能力會呈指數增加。假設這些聖地牙哥分校的研究者將黃色果蠅釋放到野外；然後再假設這些蒼蠅能找到伴侶，在校園的垃圾桶附近聚集，產下的後代就會變成黃色的。再進一步假設這些後代存活下來且成功交配，那麼其後代也會一直是黃色。這項特質會代代相傳下去，而且必然會從紅木森林擴散到墨西哥灣暖流水域，直到黃色蒼蠅一統天下為止。

果蠅的顏色沒什麼大不了的。任一種植物與動物體內的所有基因（至少在理論上）

都能改變，進而裝入對生物有利的遺傳骰子，也包含經過改造、甚或從其他物種借來的基因。舉例來說，我們有可能製造出某種驅動力，讓無法製毒的基因在甘蔗蟾蜍之間擴散。也許某一天，還可能創造另一種驅動力，將耐熱的基因傳給珊瑚的後代。

在人工驅動基因的世界裡，人類／自然、實驗室／野外的分際已經非常模糊，幾乎可謂完全消失了。在這樣的世界，人類不僅決定了演化發生的條件，甚至（同樣也是理論上）還能決定結果為何。

幾乎可以肯定的是，第一隻擁有CRISPR關聯驅動基因的哺乳類會是小鼠。小鼠是知名的「模式生物（model organism）」。牠們的繁殖速度快、很好飼養，而且小鼠的基因組也已經過學界深入研究。

保羅．湯瑪斯（Paul Thomas）是小鼠研究的先驅。他的實驗室位於阿得雷德（Adelaide）的南澳洲健康與醫藥研究中心（South Australian Health and Medical Research），這座彎曲的建築物被許多尖銳的金屬板所覆蓋。（阿得雷德人將這座建築物為比喻為「起司刨絲器」；而我造訪時，覺得它看起來更像甲龍。）

二〇一二年，在一篇關於CRISPR的開創性論文發表後沒多久，湯瑪斯就知道這項技術將改變一切。「我們馬上投入了這個領域。」他跟我說。僅僅在一年內，他的實驗室已經藉著CRISPR改造了一隻患有癲癇的小鼠。

當第一篇關於人工驅動基因的論文問世時，湯瑪斯又再次一頭栽了進去：「我對CRISPR與小鼠的遺傳學都很有興趣，所以當時根本難以抗拒能嘗試發展這種科技的機會。」一開始，他的目標只是想看看自己能否讓此技術發揮作用。「我們沒有太多資金，」他說，「就只好把經費花在刀口上，因為這些實驗實在非常昂貴。」

當湯瑪斯還在「初探」（用他的原話來說）這個領域時，有個自稱「GBIRd」的組織找上他。這個縮寫字（發音為「gee-bird」）是囓齒類動物基因生物防治（Genetic Biocontrol of Invasive Rodents）的簡稱，而該組織的中心思想，可以說很類似加入了「地球之友（Friends of the Earth）」的莫洛博士（Dr. Moreau）[1]。

「就和你一樣，我們想要為未來世代守護我們的世界，」GBIRd的網站寫道，「我們還有希望。」網站的大圖是一隻小信天翁深情款款地看著牠的母親。

1 譯註：英國小說家H. G.威爾斯的小說《攔截人魔島》（*The Island of Doctor Moreau*）中的角色，會在荒島上透過外科手術改造動物。

GBIRd想要湯瑪斯幫忙設計出一種特殊種的小鼠驅動基因——即著名的「抑制驅動基因(suppression drive)」。抑制驅動基因是設計來徹底打敗天擇的,目的是要散播一種極度有害的特質,並將整個群體消滅殆盡。英國的研究人員已針對攜帶瘧疾病原體的甘比亞瘧蚊(Anopheles gambiae mosquito)設計出抑制驅動基因。他們的最終目標是將這種蚊子釋放到非洲。

湯瑪斯告訴我,有很多種方式能設計出自我抑制的小鼠,而多數都與性有關。他特別熱衷於「X破壞者(X-shredder)」小鼠的想法。

小鼠跟其他哺乳類一樣,有兩條決定性別的染色體——XX是雌性,XY是雄性。小鼠的精子內會包含一種染色體,不是X就是Y。而X破壞者小鼠的基因由於經過改造,因而帶有X染色體的精子都有缺陷。

「如果想要的話,我們可以讓精子池的精子少一半,」湯瑪斯解釋,「牠們沒辦法再形成精子。若只有Y染色體的精子,就只會產出雄性的後代。」因為破壞的指令放在Y染色體上,所以世世代代的小鼠,都只能生出公鼠。在每個世代,性別不均衡的狀況都會加劇,到最後就沒有能生產的雌鼠。

湯瑪斯解釋,驅動基因小鼠的研發速度比他期望的還要慢,但他仍認為在這個十年結束之前，會有人研發成功。也許是隻「X破壞者」小鼠，也可能是透過尚未發想出來的某種設計手段。數學模型指出，有效的抑制驅動基因效率極高；若將一百隻帶有這種基因的小鼠放到一座島上，牠們就能在幾年之內將小鼠數量從五千變成零。

「非常驚人，」湯瑪斯說，「而這正是我們的目標。」

如果說人類世最明顯的地質指標是輻射粒子的激增，那麼最明顯的生物指標，可能就是嚙齒類動物的激增。人類在這顆星球上生活過的任何一處——即便有些只不過是我們去過的地方——大鼠、小鼠都會尾隨在後，且通常都會帶來不好的結果。

玻里尼西亞鼠（The Pacific rat，學名為*Rattus exulans*）原本生活範圍僅限於東南亞。大約自三千年前開始，航海的玻里尼西亞人就把牠們帶到幾乎每一座太平洋島嶼上。牠們的到來造成一波又一波生態危機，至少就讓上千種島嶼鳥類滅絕。後來，歐洲殖民者把船鼠（ship rat，學名是*Rattus rattus*）帶到這些島嶼（以及全球更多的島嶼）上，造成更多次的生物滅絕，而且這樣的事至今還在持續中。以紐西蘭的大南角島（Big South Cape Island）為例，在一九六〇年代以前，船鼠尚未出現在島上，當時有博物學家在當地記錄下外來生物入侵的過程。儘管費了很多工夫去拯救，但仍有三種島上的特有種——一種蝙蝠與兩種鳥類——因此消失了。

家鼠（house mouse，學名是 *Mus musculus*）來自印度次大陸，現在從熱帶到南北極附近都能看到牠們的蹤跡。根據《老鼠遺傳學》（*Mouse Genetics*）一書作者李・西佛（Lee Silver）的說法：「只有人類有同等的適應能力（人甚至還不如鼠。）」在適當的環境下，小鼠能跟大鼠一樣凶狠，甚至更為致命。果夫島（Gough Island）位於非洲與南美洲接近中點之處，這裡是世界上最後兩千對特島信天翁（Tristan albatross）的家園。裝設在島上的攝影機記錄到家鼷鼠（*Mus musculus*）攻擊信天翁雛鳥並生吞鳥兒的畫面。「在果夫島上工作，就跟在鳥類創傷中心工作一樣。」英國籍保育生物學家艾力克斯・龐德（Alex Bond）寫道。

過去幾十年來，用來對抗入侵嚙齒類動物的武器是「可滅鼠（Brodifacoum）」——一種能引發內出血的抗凝血劑。「可滅鼠」能加進誘餌中，再由人類到處擺放，或者可直接用手向外撒，也能從空中撒落。（起初，人類把這個物種帶到全世界，接著又要從直升機上對牠們下毒！）許多無人島已透過此方式將這些鼠類斬草除根，也幫助許多瀕危物種回復生機，例如紐西蘭一種不會飛的坎島鴨（Campbell Island teal），以及灰色體色、會吃蜥蜴的安提瓜游蛇（Antiguan racer）。

從嚙齒類的角度來看，可滅鼠的壞處非常明顯：內出血的過程既緩慢又痛苦。從生物學家的角度看來，此方法也有一些缺點：其他動物會誤食誘餌，或者捕食吃過可滅鼠的嚙齒類。這麼一來，毒性會在食物鏈不同階級之間傳播。何況只要有一隻懷孕母鼠逃過一劫，她就能再生出一整島的老鼠。

帶有驅動基因的老鼠就能避免這樣的麻煩。首先，只有嚙齒類會受到衝擊。其次，也不會再有流血至死的情形發生。而最棒的可能是，帶有驅動基因的嚙齒類也能放生到人類居住的島上，畢竟想也知道，這種地方是不能空投抗凝血劑的。

但我們時常會遇到下面這種狀況：用來解決一組問題的辦法，又會產生新的問題。而在此處確實存在著大問題。驅動基因的科技常被拿來與寇特．馮內果（Kurt Vonnegut）筆下的「冰－9（ice-nine）」類比，這個碎片足以讓全世界的水結凍。大家擔心，若有一隻「X破壞者」小鼠不受控制，便可能造成類似的恐怖後果——某種「鼠－9（mice-nice）」。

為了要避免馮內果式的災難，有些人提出了保障萬無一失的各種措施，例如「殺手救援（killer-rescue）」、「多重基因座組合（multi- locus assortment）」，以及「菊鏈（daisy-chain）」。這些措施都基於同一個直接且充滿希望的前提：我們應該能設計出很有效，但同時又不會「太」有效的驅動基因。這樣的驅動力可能會設計成在數個世代後就耗盡，或者只與特定基因變異有連結，所以只會影響特定島嶼上的特定群體。也有人建議，如果某個驅動基因真的失控了，可能還要有一種能釋放到世界上、稱為「CATCHA」序列的驅動基因，去追蹤失控的驅動基因。還有什麼地方可能出錯嗎？

在澳洲的時候，我想要離開實驗室去鄉間走走，若能親眼看到北方袋鼬一定會很好玩。我在網路上找到牠們的照片，這種動物看起來非常可愛——有點像是縮小版的獾。但當我詢問身邊的人之後才知道，我沒有足夠的專業與時間能找到袋鼬。相較之下，還更容易找到捕獵牠們的兩棲類。所以某天晚上，我就跟著生物學家林．施華寇（Lin Schwarzkopf）去尋找蟾蜍了。

巧的是，施華寇也是蟾蜍終結者陷阱的發明人之一，我們順道去她在詹姆斯．庫克大學的辦公室看了看這個設備。陷阱籠跟烤吐司機差不多大，而且有一扇塑膠門。當施華寇打開陷阱的小型喇叭後，辦公室裡便開始迴盪著蟾蜍的鳴叫聲。

「只要聽起來有點像甘蔗蟾蜍的叫聲，雄性都會被吸引過來，」她跟我說，「比如聽到發電機的聲音，蟾蜍也會跑過去。」

詹姆斯．庫克大學位於昆士蘭州北方的海岸，也是蟾蜍最初被引進的區域。施華寇認為我們應該能在學校裡找到一些蟾蜍。我們戴著頭燈，當時大約晚上九點，校園裡空無一人，只有我們兩個以及跳來跳去的小袋鼠一家子。我們四處逛了一會，也一面尋找帶有惡意的目光。正當我開始灰心時，施華寇在落葉堆中找到一隻蟾蜍。在拿起牠的同時，她立刻知道這隻是雌性的。

「蟾蜍不會傷人，除非你讓牠很不舒服，」她指著蟾蜍的毒腺體說，那個部位看起來像是兩個鼓起來的小錢包，「這也是不能用高爾夫球桿打牠們的原因。因為要是打到腺體，裡面的毒液會噴出來。噴到眼睛的話，會讓人失明好幾天。」

我們繼續四處走動。施華寇觀察到今天的天氣很乾燥，所以蟾蜍可能會缺水：「他們喜歡空調機——其實只要是會滴水的東西都好。」在舊溫室附近，有塊剛有人用過水管的地方，我們又找到兩隻蟾蜍。施華寇翻開一個形狀與尺寸都跟棺材相近的腐爛木箱。「大豐收！」她大聲宣布。在寬約〇．六公分的污水中，有著數不盡的甘蔗蟾蜍。有蟾蜍坐在另一隻蟾蜍身上。我以為牠們會想要逃走；但牠們卻鎮定留在原地。

最能支持對甘蔗蟾蜍、小鼠與船鼠做基因編輯的論點，其實也是最簡潔的論點：我們有其他做法嗎？抗拒這些不自然的科技，並沒有辦法找回自然。因此我們並不是在過去與現在之間做選擇，而是要在「現在」行動與往往可能全盤皆輸的「未來」之間做選擇。這正是魔鱂、休休尼鱂、帕朗裸腹鱂、北方袋鼬、坎島鴨與特島信天翁等物種的處境。若繼續堅守對自然的嚴格定義，那這些動物（以及成千上萬的物種）就會走入歷史。而現在，我們要思考的議題不是要不要改變自然，而是改變的原因是什麼？

「我們就像神一樣，而且可能也很擅長這件事。」《全球概覽》（*Whole Earth Catalog*）的編輯史都華・布蘭德（Stewart Brand），在一九六八年創刊號寫下這段著名的文字。最近，針對全球正面臨到的轉變，布蘭德調整了他的說法：「我們就像神一樣，而且『必須』很擅長這件事。」布蘭德創立了一個名為「復甦與修復（Revive & Restore）」的組織，宗旨是要「透過遺傳救援的新興科技來增加生物多樣性」。在這個組織所資助的眾多奇特計畫中，有一項是致力於讓旅鴿重返世界。他們的想法是，藉由重新調配與旅鴿血緣最近的斑尾鴿（band-tailed pigeon）的基因，就能夠扭轉歷史。

另一個幾乎要實現的計畫，是要找回美國板栗樹（American chestnut tree）。這個一度在美國東部相當常見的樹種深受板栗枯萎病打擊而消失殆盡。（這種在二十世紀初引入美國的枯萎病的禍首為致病真菌，幾乎摧毀了北美所有的板栗樹——據估計約有四十億棵。）在紐約雪城（Syracuse）的紐約州立大學環境科學與森林學院（SUNY

College of Environmental Science and Forestry），有一群研究人員透過基因編輯，創造出能抵抗枯萎病的板栗樹。而抗病性的關鍵基因就來自於小麥。這種樹因有個借來的基因的關係，被視為經過基因轉殖的生命體，需要得到政府許可才能種植。因此，這棵能抵抗枯萎病的樹苗現在只能留在溫室中一片圍欄圍住的土地上。

提薩指出，人類不斷在全世界搬移基因，通常是以整個基因組的形式移動。這就是板栗枯萎病最初引入北美的途徑——從日本引進的亞洲板栗樹帶有這種病原體。如果我們透過再移動一個基因，就彌補得了之前釀成的悲劇，那難道不該給美國板栗樹一個交代嗎？可以這麼說，擁有「改寫生命分子」能力的我們，也承擔了某種義務。

當然，反對干預基因的論點也很有說服力。「遺傳救援」的出發點，可說是為過去改變世界的失敗前例（如亞洲鯉魚和甘蔗蟾蜍）負起責任。像這種為修正過去的生態介入疏失，而設計新的生態介入手段的故事，聽起來就像蘇斯博士（Dr. Seuss）在《魔法靈貓》（*The Cat in the Hat*）裡描述的，有隻貓在浴缸吃完蛋糕後，被要求要自己清理乾淨：

你知道牠是怎麼做嗎？
用媽媽的白洋裝！

現在浴缸變得清潔溜溜，
但洋裝卻髒到不行！

一九五〇年代，夏威夷農業部決定要針對二十年前為園藝裝飾目的引進的非洲大蝸牛展開控制，但採取的方法是進口又稱為食蝸蝸牛（cannibal snail）的玫瑰蝸牛（rosy wolfsnail）。然而這些食蝸蝸牛卻不吃這些大蝸牛，反而吃掉了十幾種夏威夷特有的小型陸地蝸牛，也造成E. O.威爾森（E. O. Wilson）所說的「雪崩式滅絕」。

威爾森對布蘭登說詞的回應是：「我們跟神不一樣。我們還沒有足夠的感知與智識，能成就萬事萬物。」

英國籍作家與社運人士保羅・金斯諾斯（Paul Kingsnorth）曾說：「我們就像神一樣，但我們不擅長這件事……我們就像洛基，為了享樂而戕害美麗的事物。我們就像撒旦，毀滅我們的子嗣。」

金斯諾斯也表示：「有時候什麼都不做，會比做點什麼來得好。有時候情況則剛好相反。」

Part 3

高空之上

1

幾年前，我的電子信箱收到一封推銷信：有間公司專為那些因自己身為摧毀地球的共犯而焦慮的人，提供一種新的服務。名為「氣候工作（Climeworks）」的這間公司會酌收費用，幫用戶清除他們的碳排放。接著公司會把二氧化碳注入地下八〇〇公尺深處，在那裡氣體便得以變成固體。

「為何要把二氧化碳變成石頭？」那封電子郵件問道。因為人類已經排放太多的碳，「所以我們必須物理性移除大氣中的碳，才能讓全球暖化維持在安全的程度內。」我立刻下訂單，成為所謂的「先驅」。這家公司會在每個月信用卡扣款前，再寄一封信給我——「你即將續訂你的訂閱方案，並繼續把你排放的二氧化碳變成石頭。」一年後，我決定是時候去看一眼我的碳排放——但這輕率的舉動卻又增加了我的碳排放量。

雖然「氣候工作」公司的總部位於瑞士，但他們將氣體變成固體的場所位於冰島南方。抵達雷克雅維克之後，我租車開上環繞整個國家的一號公路，向東駛去。大約十分鐘後，我就駛離了市區。大約二十分鐘後，我已離開了市郊，在古代熔岩平原上馳行。

冰島基本上全是熔岩平原。它位於大西洋中洋脊之上，而隨著大西洋變寬，它也承受兩面拉扯。該國境內有一道上面有許多活火山的裂痕，以對角線穿過冰島國土。我要前往的地方離這道裂痕很近，也就是憑藉地熱產生三億瓦電的赫利舍迪發電廠（Hellisheiði Power Station）。沿途的景色看起來像曾經由哪個巨人鋪設而成，但又棄之不顧的地方。地面上沒有樹也沒有灌木叢，只有許多小片的草與苔蘚。方正的黑色巨石雜亂地堆疊在一起。

當我抵達發電廠門口時，似乎整個地方都在散發蒸氣，空氣中還有硫磺的臭味。沒過多久，有台塗成亮橘色的可愛小車開了過來。走出車子的是經營這座發電廠的雷克雅維克能源公司（Reykjavík Energy）總經理艾達．雅拉朵提爾（Edda Aradóttir）。戴著眼鏡的雅拉朵提爾有一頭金髮、一張圓圓的臉，並將長髮盤到腦後。她遞給我一頂堅硬的帽子，自己也戴了一頂在頭上。

就發電廠而言，地熱發電廠很「乾淨」。地熱發電廠無需燃燒化石燃料，而是仰賴地底下冒出的蒸氣與超高溫的水，這也是此類基礎設施傾向建於火山活躍地帶的原因。但雅拉朵提爾向我解釋，這種電廠仍會有碳排放，畢竟超高溫的水難免會產生不必要的氣體，例如硫化氫（臭味的來源）與二氧化碳。事實上，在前人類世時期，環境中的二氧化碳主要就來自於火山。

大約十年前，雷克雅維克能源公司想出一個計畫，要讓這些乾淨的能源更乾淨。赫利舍迪發電廠不再讓二氧化碳逸散到空氣裡，而是捕捉下來溶解到水中。這個混合液體——基本上就是高壓氣泡水——會被打回地底。根據雅拉朵提爾及其他人的推估，二氧化碳在地底深處會與火山岩發生化學反應並成為礦物。

「我們知道石頭可以儲存二氧化碳，」她跟我說，「事實上，石頭是地球上最大的碳存放所之一。我們做的只是模仿並加速此過程，好對抗全球氣候變遷。」

雅拉朵提爾打開大門，我們坐上她的橘色小車到發電廠的後方。這天是晚春一個吹著微風的日

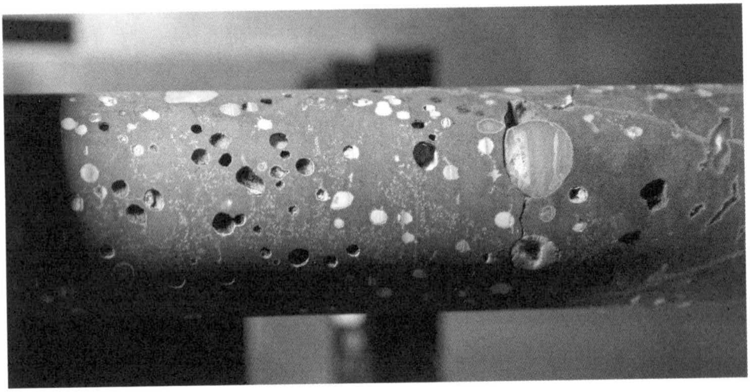

有許多小片碳酸鈣的玄武岩芯。

子，但從輸送管與冷卻塔冒出的蒸氣，似乎無法下定決心要往哪邊吹。我們暫停在一棟金屬覆蓋的大型附屬建築物外面，它連接著一座外觀像火箭發射台的建築物。建築物的標誌寫著：「**steinrunnið gróðurhúsaloft**」，翻譯是「溫室氣體石化中」。雅拉朵提爾跟我說，二氧化碳會在這個火箭發射台與地熱產生的其他氣體分離，並準備被打入地底。我們又開了一段路後，看到一台看起來像疊在貨櫃上的超大冷氣機。貨櫃上的標誌寫著：「**úr lausu lofti**」，意思是「來自大氣（**out of thin air**）」。

雅拉朵提爾表示，這台「氣候工作」公司的機器正在大氣中消除我的碳排放——事實上只有一部分的碳排放。這台正式名稱為空氣直接捕捉裝置（**direct air capture unit**）的機器突然開始嗡嗡作響。「噢，新一輪的運作才剛開始，」她說，「我們真幸運！」

「在運作循環的第一步，這台裝置會吸入空氣，」她接著說道，「二氧化碳會附著在捕捉裝置內特定的化學物質上。之後我們再加熱這些化學物質，並釋放出二氧化碳。」這些二氧化碳——「氣候工作」公司的二氧化碳——之後又會被加入電廠產出的氣泡水混合物中，再送往注入地底的站點。

即便是沒有任何刻意協助的情況下，大多數人類排放的二氧化碳最終仍會經由化學風化（**chemical weathering**）轉變為石頭；但是這裡的「最終」指的是幾十萬年後，誰有時間等大自然慢慢來呢？在赫利舍迪，雅拉朵提爾與同事將化學反應的速度加快了好幾個量級。通常需要耗費千年完成的過程，現在已壓縮到幾個月內就做得到。

雅拉朵提爾帶來了一塊岩芯，讓我看看最終結果。這個岩芯約六一公分長、直徑大約有個好幾公分，顏色是熔岩平原的深色。但這塊黑色石頭（玄武岩）上布滿小洞，而這些洞裡則有滿滿的白色化合物——碳酸鈣。這些白色的沉澱物就算不是我的碳排放，也會是其他某個人的。

✦
✦
✦

人類究竟從何時開始改變大氣層？這是個有爭議的議題。根據某個理論的說法，大約在八至九千年、有歷史紀錄以前就發生了，也就是在小麥於中東、稻米於亞洲被人類馴化那時候。早期的農人為了清出農用土地，開始砍伐並焚燒森林，因而釋放出二氧化碳。雖然這個過程釋放出的二氧化碳量相對少，但根據「前期人類世假說（early Anthropocene hypothesis）」這個理論擁護者的說法，這樣的結果也碰上了偶然的巧合。因為按自然循環的規則，這時期的二氧化碳濃度應該會下降，而人類的介入卻讓濃度維持穩定。

「自數千年前開始，氣候管理的工作就從自然轉到人類手上了。」維吉尼亞大學的榮譽教授、也是「前期人類世」最著名的擁護者威廉・魯迪曼（William Ruddiman）寫道。

根據另一個較多人擁護的觀點，這項轉移直到十八世紀末才發生，也就是在蘇格蘭工程師詹姆斯・瓦特（James Watt）發明出新型蒸氣機的時候。大家常說瓦特的引擎「啟動」了工業革命，但這個用詞與時空環境不符。[1] 隨著蒸氣動力取代了水力，二氧化碳的排放量也開始增加，一開始很緩慢，後來就急遽攀升。一七七六年——瓦特開始行銷他的發明同一年——人類排放了大約一五〇〇萬噸的二氧化碳。到了一八〇〇年，數量增加到三〇〇〇萬噸。到了一八五〇年數字已增加到二・三億噸，而到了一九〇〇年則逼近二〇億噸。現在的排放量來到每年四〇〇億噸。人類對大氣的改變之大，導致現在空氣中每三個二氧化碳分子中，就有一個是人類排放的。

也因為人類的介入，從瓦特時代以來，全球的平均氣溫已升高攝氏一・一度。這也導致各種大家愈來愈不樂見的後果——乾旱影響的範圍變得更大；風暴益發劇烈；熱浪更加致命；野火季節拉得更長，且大火也燒得更猛烈。海平面上升的速度正在加快。最

1 譯註：原文使用的「kickstart」，原意是「腳蹬啟動」，但這項技術在工業革命初期尚未出現。

近有篇發表在《自然》（*Nature*）期刊上的研究指出，從一九九〇年代起，南極洲的融冰量增加了三倍。另一篇近期的研究預測，幾十年以後，多數的環礁將無法住人；其中包含幾個國家的所有領土，例如馬爾地夫與馬紹爾群島。若套一句麥克尼爾先前借用並改編的馬克思之言──「人們創造自己的氣候，但並非總能隨心所欲。」

沒有人說得準，在我們無可避免遇上全面性的災難之前──譬如人口密集的孟加拉遇上洪水來襲，或者如珊瑚等重要的生態系崩壞──這世界能變得多熱。根據官方說法，引發災難的氣溫門檻是全球平均氣溫上升攝氏兩度。在二〇一〇年於坎昆（Cancún）舉辦的一輪氣候協商會議中，幾乎所有國家都簽字同意這個數字。

但在二〇一五年的巴黎會議中，多位世界領袖又有了新的想法。他們決定，攝氏兩度的門檻有點太高了。因此《巴黎協定》的簽署國承諾會「控制全球氣溫的升幅低於攝氏兩度……而且要努力將升幅控制在攝氏一．五度的上限之內。」

但無論是哪個數字都會讓人吃不消。若要維持在兩度以下，全球的排放量必須在接下來的幾十年縮減至趨近於零。若要降到一．五度的話，人類必須要在短短十年內用盡各種辦法將排放量降為零。這表示人類必須開始改造農業系統、轉型生產方式、淘汰以汽油與柴油為動力的汽車，並汰換掉世界上多數的發電廠。

但二氧化碳移除的技術提供了減碳的不同途徑。從大氣中抽出大量的二氧化碳所達成的「負排放（negative emissions）」，在概念上可以抵銷增加的排放量。這麼一來，即便碳排放量超過造成災難的門檻，也能從大氣中抽出足量的碳來阻止災難發生，達到所謂的「超越限度（overshoot）」的狀況。

發明「負排放」這個概念的人就是德國出生的物理學家克勞斯・拉克納（Klaus Lackner）。拉克納現在快七十歲，身材勻稱、有深色的眼睛與凸出的額頭。他在位於坦佩（Tempe）的亞歷桑那州立大學（Arizona State University）任職，有一天我到他的辦公室與他碰面。裡面幾乎空無一物，只有幾張以書呆子為主題的《紐約客》卡通插圖，拉克納說這是他太太剪下來給他的。其中一幅漫畫中，有一群科學家站在寫著方程式的超大白板前。「計算都沒有錯，」第一位科學家說，「只是品味很差。」

拉克納成年後幾乎都住在美國。在一九七〇年代末，他搬到帕薩迪納（Pasadena）與發現夸克（quark）[2]的其中一名科學家喬治・褚威格（George Zweig）一起做研究。又

2 譯註：夸克是目前已知，組成物質的最小基本粒子。而而兩、三個夸克會組成一個所謂的強子，例如質子或中子。

過了幾年，他搬到洛斯阿拉莫斯國家實驗室（Los Alamos National Laboratory）研究核融合。「有些工作是機密，」他跟我說，「有些不是。」

核融合能為恆星提供能量，而在地球上，則可以靠它製作氫彈。當拉克納在洛斯阿拉莫斯的時候，核融合被譽為未來的能量來源。核融合反應器可利用氫的同位素，產生出無限的無碳能源。那時，拉克納確信核融合反應器至少尚需幾十年的研發時間。幾十年過去了，一般仍普遍認為，可運作的反應器還要再經過幾十年才會問世。

「我可能比多數人早理解到，要終結化石燃料的宣言太誇大了。」拉克納跟我說。

一九九〇年代初的某個晚上，拉克納跟他的朋友：物理學家克里斯多福．溫特（Christopher Wendt）一起喝啤酒。他們兩人開始好奇起來——為什麼「現在沒有人做那種真正瘋狂的大事了。」（這是拉克納本人的說法）。由此也衍生出更多的問題與更多的談話（或許也喝了更多的啤酒）。

他們想出了屬於自己的「瘋狂大事」的點子，不過他們並不覺得太過瘋狂。在那席對話的幾年後，兩人發表了一篇寫滿方程式的論文，文章中討論到自我複製（self-replicating）的機器能夠滿足世界的能源需求，而且與此同時，多少也能清理人類使用化石燃料所造成的污染。他們把機器取名為「奧西恩（auxons）」，源於希臘文

「αυξάνω」，意思是「成長」。奧西恩的動力來自太陽能板，而當它們自我複製時，就會產出更多太陽能板；這些太陽能板是利用一般土壤中的矽與鋁等元素組合而成。愈多的太陽能板，就能產生愈多的能量，且這個速率會以等比級數增加。若能組出一片九九・九萬平方公里的太陽能板陣列，就能提供全球所需電量的好幾倍；而這樣的土地面積雖大致跟奈及利亞一樣大，但就如拉克納跟溫德所指出的——「比很多沙漠都還要小。」

同一組陣列還能用來清理碳排放。根據他們計算，一個相當於奈及利亞大小的太陽能發電廠，就足以清完人類至今所排放的二氧化碳。理想情況下，二氧化碳可轉變為石頭，就像我的碳排放在冰島經過的轉換那樣。只不過石頭裡的碳酸鈣不會只有幾小塊——畢竟這是全世界的碳排放。碳酸鈣的總量應足夠在委內瑞拉的國土上，疊起四十五公分的厚度。（他們沒有說明要怎麼處理這塊石頭。）

又過了幾年，拉克納擱置製造奧西恩的想法，但他發現自己對負排放的概念愈來愈感興趣。

「有時候，思索這種極端的目標，你會從中學到很多。」他跟我說。他開始以這個主題發表演講並撰寫論文。他說，人類必須想辦法把空氣中的碳移除。部分科學家同行認為他瘋了，其他人則覺得很有遠見。「克勞斯其實是個天才。」前美國能源部副祕書長、現受聘於哥倫比亞大學的胡里歐・費曼（Julio Friedmann）跟我說。

在二〇〇〇年代中期，拉克納向服飾品牌「天涯海角（Lands' End）的創辦人之一蓋瑞・康曼（Gary Comer）提案發展抽取碳排放的科技。康曼的投資顧問也被找來開會，他開玩笑說，拉克納要找的不是風險投資（venture capital），是「冒險投資（adventure capital）」才對。儘管如此，康曼還是投入了五百萬美元的資金。這間公司很快就打造出小型原型機，但正當他們要尋找新的投資人時，二〇〇八年的金融海嘯發生了。

「我們的時間點真是不能再更巧了。」拉特納跟我說。因為無法募得更多資金，公司只能關門大吉。與此同時，化石燃料的使用量持續增加，二氧化碳的濃度也隨之上升。拉克納開始相信，人類已在不知不覺中致力於移除二氧化碳。

「我想我們正處於很為難的情況，」他跟我說，「我認為，如果將二氧化碳從環境中抽離的科技失敗了，人類會陷入大麻煩。」

二〇一四年，拉克納在亞歷桑那州立大學創立了負碳排放中心（Center for Negative Carbon Emissions）。多數他構想出來的機器都是在離他辦公室幾個街區遠的小工廠組裝而成的。我們聊了一下之後，就往那裡走去。

在小工廠裡，有名工程師正在修補看起來像摺疊沙發內部結構的東西。若這是放在客廳的沙發，那就會有軟墊在上面；但工廠裡的「沙發」卻只有一排精緻的塑膠緞帶。附著在緞帶上的，是用成千上萬顆琥珀色珠子所磨成的粉末。拉克納解釋，這些珠子的成分是樹脂，通常會用於污水處理，而且能大量購得。這些珠子製成的粉末在乾燥時會吸收二氧化碳；而一變潮溼之後，又會釋放出二氧化碳。他們的計畫是把這個「沙發裝置」連同上面的緞帶曝露在亞歷桑那乾燥的空氣中，然後把裝置折起來、放入裝了水的密封容器內。在乾空氣中捕捉到的二氧化碳會在水中釋放，接著二氧化碳再透過管線排出，就可以一再重複這個流程，而且這張「沙發」可以不斷折起來再打開。

拉克納跟我說，根據他的計算，一台跟半掛式吊車差不多大的裝置每天可移除約一噸的二氧化碳，因此一年就能移除三六五噸。而現在全球的總排放量約為每年四〇〇億噸，他認為，「如果能打造出一億台吊車尺寸的裝置」，我們或多或少追得上排放速度。他承認，「一億台」這個數字聽起來很嚇人，但也指出，iPhone在二〇〇七年才問世，現在已有近十億人在使用。

「現在還只是比賽初期。」他說。

從拉克納看待事物的角度而言，避免「嚴重問題」發生的關鍵是用不同方式來思考。「我們必須改變整套典範。」他跟我說。在他的觀點裡，我們得要以看待污水的方式來檢視二氧化碳。我們無法期待大眾停止排出排泄物——「為了一個人少上廁所而提供獎勵，是很荒唐的作法。」拉克納說道。但同時，我們也不能讓人在人行道上便溺。他聲稱，我們在處理碳排放問題時，之所以遇到那麼多麻煩，原因之一就是這個議題已經與道德相互掛鉤。因為一旦碳排放被視為壞事，排碳者就有罪。

「這樣的道德立場幾乎讓人人都有罪，並讓那些關心氣候變遷、同時也享受著現代化好處的人變成偽君子。」他寫道。他認為，轉移典範也能轉移對話方式。確實，人類已經徹底改

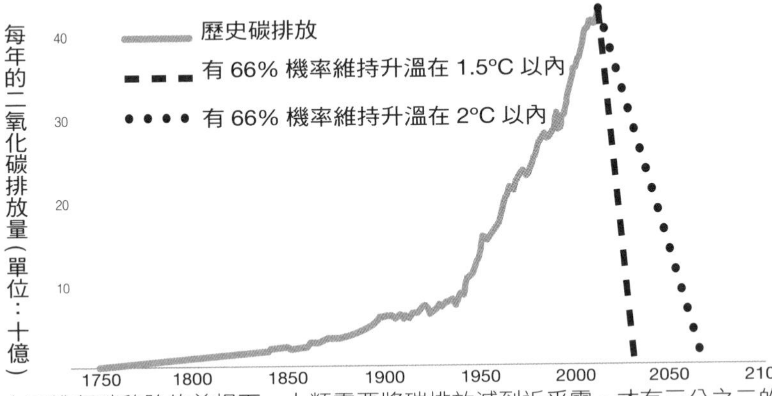

在不進行碳移除的前提下，人類需要將碳排放減到近乎零，才有三分之二的機率不超過攝氏兩度的升幅。要不超過攝氏一．五度的升幅，碳排放的縮減就要更快。

變了大氣。而且的確，這很可能導致各種可怕的後果。但人類也很足智多謀，會想出瘋狂且偉大的構想，而且有時真的管用。

在二〇二〇年初的那幾個月，發生了一場大型且未受監督的實驗。隨著冠狀病毒肆虐，數十億人必須遵照規定待在家裡。在封城管制最嚴格的四月，據估計，全球的二氧化碳排放量與去年同期相比，下降了百分之十七。

緊接著這個（史上最大）的降幅之後，卻是另一個新高點。二〇二〇年五月，大氣中的二氧化碳來到百萬分之四一七．一的濃度新高。

碳排放量下滑與大氣中二氧化碳濃度的上升突顯出二氧化碳的固執特性：一旦進到空氣裡，它就會留在那裡。至於到底會持續多久，則是個複雜問題；但事實就是排放出的二氧化碳會逐漸積累。大家常用浴缸來做比喻：只要水龍頭一直開著，水就會持續裝入出水孔塞著的浴缸；把水關小，水還是會進入浴缸，只是速度變慢。

若沿用這個比喻，氣溫上升攝氏兩度，就像是水幾乎全滿的浴缸，而氣溫上升攝氏一．五度，就好比水快要滿出來的浴缸。這也是為何碳的計算會如此困難。減少排放雖然絕對有必要，卻也緩不濟急。即便我們將碳排放量減半——這得要重建世界上大多數的基礎建設——二氧化碳的濃度也不會下降；只是會上升得慢一些。

接著還有公平性的問題。因為碳排放會累積，最該為氣候變遷負責的是那些長期以來都有排放的人。美國人口只占全球的百分之四，但卻要為約百分之三十的總碳排放量負責。歐盟的國家總人口約占全球百分之七，在總碳排放量中卻占了百分之二十二。全世界約有百分之十八的人住在中國，但這項數值卻只占百分之十三。預計會超越中國成為世界人口之冠的印度，則只占了約百分之三的總碳排放量。而把非洲與南美洲的所有國家加總起來，也只占了少於百分之六的總碳排放量。

若要讓排放量為零，那人人都得停止排放二氧化碳——不只是美國人、歐洲人與中國人，也包括印度人、非洲人與南美洲人。但只因為其他國家已產生太多的碳，就要求那些幾乎沒造成麻煩的國家宣示不排碳，這實在非常不公平，從地緣政治的角度來說也站不住腳。因此，國際氣候協議始終以「共同但有所區別的責任」為前提。根據《巴黎協定》的內容，已開發國家應該「承擔起絕對的總體經濟碳排放量的領導角色」，而發展中國家則很模糊地被要求須加強「減碳方面的努力」。

上述這些問題都讓負排放——至少這樣的想法——很吸引人。政府間氣候變化專門委員會（Intergovernmental Panel on Climate Change，簡稱ＩＰＣＣ）在巴黎氣候變化

大會召開前夕所出版的最新報告，說明了人類對負排放的仰賴程度。為了預測未來的情況，

IPCC用電腦預測模型將世界經濟與能源系統化為一大團方程式。這些模型產出的結果會再轉化成氣候科學家可用來預測氣溫升高程度的數據。在報告中，

IPCC檢視了超過一千種情境。其中多數預測升溫幅度會超過官方所訂的攝氏兩度的災難門檻，有些甚至更預測會升溫超過攝氏五度。只有一百零六種情境能讓升溫幅度維持在攝氏兩度以內，而其中的一百零一種都與負

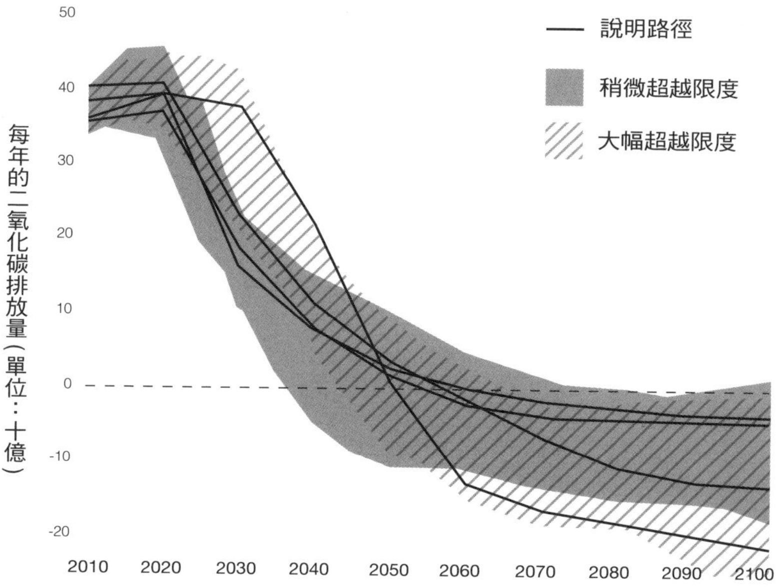

IPCC 提出的四種「將升溫控制在攝氏一．五度」的路徑說明—統統都需要借助負排放，並達到「超越限度」的結果。

排放有關。在那之後，IPCC鎖定攝氏一．五度的升溫門檻，又發表了另一篇報告。其中能達成這個目標的情境，都得仰賴負排放。

「我想IPCC想說的是：『我們試過非常多種情境，』」克勞斯．拉克納跟我說，「『在所有能保持安全狀態的情境裡，幾乎都要依靠負排放的神奇力量。若不這麼做，就是死路一條。』」

「氣候工作」公司（那間我付錢請他們把碳排放埋到冰島的公司）是由克里斯多福．格巴德（Christoph Gebald）與簡．沃茲巴赫（Jan Wurzbacher）這兩位大學時代的朋友共同創辦的。「我們是上大學第一天認識的，」沃茲巴赫回憶道，「我想我們第一週就問了彼此：『嘿，你想要做什麼？』然後我說：『嗯，我想要創立自己的公司。』」他們後來將研究所的獎學金分為兩份；兩人都花一半時間做博士班的研究，並且用另一半時間讓公司成長。

就跟拉克納一樣，他們兩個人面對了許多質疑。有人說，他們做的事情只是在轉移焦點。如果大家認為有方法能從大氣中抽走二氧化碳，那他們就會排放更多。「大家會反對我們說：『嗯，老兄，你們不該這麼做，』」沃茲巴赫跟我說，「但我們一直很頑固。」

現年三十五、六歲的沃茲巴赫身材纖瘦，頂著一頭孩子般的蓬亂黑髮。我和他在「氣候工作」公司的蘇黎世總部碰面。那棟建物裡不僅有辦公室，也有金屬加工廠，現場不僅帶著科技新創的氛圍，也有點腳踏車店的感覺。

「把二氧化碳從流動的空氣中抽出來並不是什麼尖端科技，」沃茲巴赫跟我說，「這也不是什麼新鮮事。過去五十年來，人類都會從氣流中過濾二氧化碳，只是用途不同。」譬如在潛水艇中，船員呼出的二氧化碳必須排出去，否則會累積出對人體而言很危險的濃度。

但是能從空氣中抽出碳是一回事，要能大規模執行則又是另一回事。燃燒化石燃料會產生能源，從科技中捕捉二氧化碳也「需要」能源。只要能源是透過燃燒化石燃料所產生的，那就一定會增加必須捕捉的碳量。

第二個重大挑戰是處置方式。捕捉下來的二氧化碳需要送到安全的地方儲存。「玄武岩的好處是我們很好對外解釋，」沃茲巴赫說，「如果有人問：『嘿，但這真的安全嗎？』答案很單純：兩年內，它就會變成位在地下一公里處的石頭。就這麼簡單。」合適的地下儲存地點並不少見，但也不普遍；這表示，若要打造大型的碳捕捉工廠，要不是必須有個合適的地理位置，否則就得把二氧化碳運到遠處。

最後是成本的問題。把二氧化碳從空氣中取出來需要經費，現在這需要花很多的錢。把一噸重的碳排放變成石頭，需要付給「氣候工作」公司一千美元。我將五四四公斤的配額，都用在飛往雷克雅維克的單程飛機上，於是包含回程飛機以及去瑞士的航程在內的碳排放，就只能留在空中飄蕩。沃茲巴赫跟我保證，隨著愈來愈多的捕捉裝置裝設完成，價格也會下降；在十年左右的時間內，可望降到每噸一百美元。如果碳排放以類似比例課稅的話，那麼就更容易計算：基本上，只要抽出一噸二氧化碳，就能少付一噸的碳稅。但如果碳仍舊能免費排入大氣中，那又有誰願意付這筆錢呢？即使一噸只要付一百美元，把十億噸二氧化碳（只是世界年度排放量的一小部分）埋起來，就需要花上一千億美元。[3]

我也問沃茲巴赫，這個世界是否已準備好為直接從空氣中捕捉碳的技術付費。「也許我們太早投入了，」沃茲巴赫若有所思地說，「也許時機正好；又或許我們遲了一步——天曉得。」

一如有許多方式能把二氧化碳釋放進空氣中，其實也有很多（潛在的）方式能移除二氧化碳。

一種名為「加速風化（enhanced weathering）」的技術可說是我在赫利舍迪電廠參觀到的工程的反向版。這個概念並非將二氧化碳注入石頭中，而是將石頭帶到地表與二氧化碳接觸。首先，要先將人為開採並碾碎的玄武岩散布到世界上炎熱、潮溼地帶的農田裡，而二氧化碳與這些碎掉的石頭起化學反應後，就能將其從空氣中抽取出來。或者有人也提出，可以碾碎火山岩中常見的綠色礦物質：橄欖石，再撒入海洋中溶解。這麼做能使海洋吸收更多的二氧化碳，而且還有另一個好處：對抗海洋酸化。

另一類負排放科技（negative-emissions technologies，簡稱為NETs）的靈感則源自於生物。植物生長時會吸收二氧化碳，而當它們腐朽時，二氧化碳就會回到大氣中。種植新的森林能在植物體成熟之前吸收碳；有一篇瑞士研究人員最新的研究評估，種植一兆棵樹就能在接下來數十年中，從大氣中移除兩〇〇〇億噸的碳。其他研究人員認為，這

3 原註：有兩種測量二氧化碳量的方式：計算二氧化碳的總重，或者只計算碳的重量。在這個章節裡，我跟「氣候工作」公司一樣，通常使用第一種算法，但許多科學期刊會使用後者。我試圖將兩者區別開來——當我的用字為「一噸二氧化碳」時，我指的是總重；而當我用「一噸碳」時，我指的是另一種算法。一噸的二氧化碳大約等於四分之一噸的碳；因此，全世界年度碳排放量會是四〇〇億噸二氧化碳，或一〇〇〇億噸的碳。

項數據將事實誇大了十倍甚至更多。儘管如此，他們也評道，新植林吸收碳的能力「還是很重要」。

為了解決朽木的問題，許多人提出各種技術方案。其一是將成樹砍倒並埋在溝渠裡；因為缺乏氧氣，就能防止樹木腐朽，以及隨之而來的二氧化碳排放。另一個計畫則只需要蒐集玉米梗等作物殘留物，並倒入深海；在黑暗、冰冷的深海裡，這些農餘腐爛的速度會很慢，甚至完全不腐爛。這些聽起來可能很怪的想法，也都是從自然中汲取靈感。在石炭紀（Carboniferous），有大量的植物遭到淹沒並埋於地底。這些植物後來就變成煤礦——如果這些東西可以保留在地底，理論上就能把碳永遠留在那裡。

林地復育（Reforestation）與注入地下的技術相互結合後，即為「生質能與碳捕集和封存（Bioenergy with carbon capture and storage）」——BECCS（發音為「becks」）。IPCC所使用的預測模型極度傾向BECCS，因為它可以同時達到負排放與發電兩種目的。這種「魚與熊掌兼得」的辦法，以氣候數學的角度來看，幾乎所向無敵。

BECCS的構想是種植能從空氣中吸取碳的樹木（以及部分穀物），接著便透過燃燒樹木來發電，所產生的二氧化碳再從煙囪直接捕捉下來、送入地底。（二〇一九年，世界首個BECCS的前導實驗已在英格蘭北部一座木顆粒燃料發電廠展開。）

這些替代方案所面臨的挑戰就跟直接從空氣中捕捉碳一樣，問題在於規模。馬里蘭大學的教授（University of Maryland）曾寧（Ning Zeng）是首創「樹木砍伐與儲存」概念的人。根據他的計算，若要每年消去五十億噸的碳，總共需要一千萬條埋樹溝渠，而且每一條都要跟奧運標準游泳池一樣大。「假設有一組一共十人的人馬每週可以用機械施工，挖出一條溝渠，」他寫道，「那也需要二十萬組（兩百萬名工人）人馬與機器。」

根據德國科學家一篇最新的研究，若要藉由「加速風化」移除十億噸的二氧化碳，那就得要開採、碾碎並運送約三十億噸的玄武岩。作者群指出，需要開採、磨碎與輸送的石頭「雖然數量非常大」，但其實還比每年約八十億噸的煤礦開採量要來得少。

若要種植十億棵樹木，大約需要造出九〇六．五萬平方公里大的新林地。這片森林面積之廣，會跟包含阿拉斯加在內的美國國土差不多大。這麼大片的耕地不再用於生產農作的話，可能造成上百萬人面臨飢餓。喬治城大學的教授歐盧費米．泰伊洛（Olúfẹ́mi O. Táíwò）近期表示，有一種危機是「我們每邁出一大步的同時，卻在公平正義上倒退兩步。」然而，大家也不清楚，用未開發的土地是否就會比較安全。樹木是深色的，所以若把凍土變成森林，反而會增加地球要吸納的能量，並造成全球暖化，最後也無法達成目標。解決這個問題的方法之一，可能是用CRISPR技術基因改造出淺色的樹

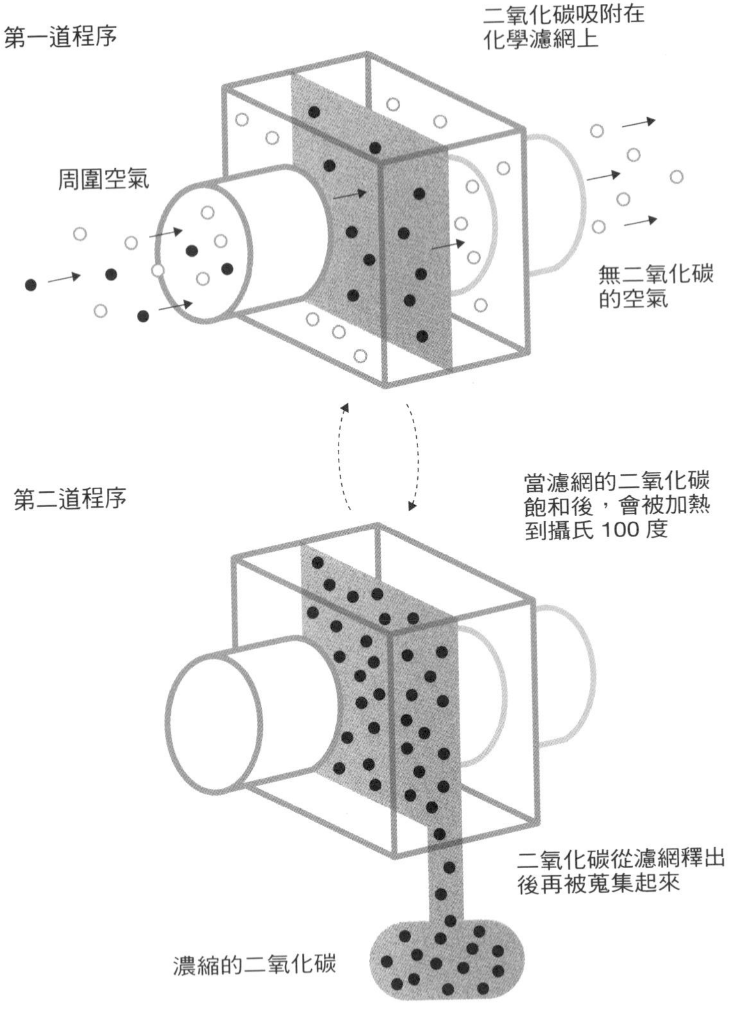
第一道程序
二氧化碳吸附在
化學濾網上
周圍空氣
無二氧化碳
的空氣
第二道程序
當濾網的二氧化碳
飽和後，會被加熱
到攝氏 100 度
二氧化碳從濾網釋出
後再被蒐集起來
濃縮的二氧化碳

「氣候工作」公司的二氧化碳移除系統有兩道程序。

木。就我所知，目前還沒有人提出這個構想，但似乎只是遲早的事。

在「氣候工作」公司於冰島啟動「先驅」計畫的前幾年，他們在瑞士一間垃圾焚化爐的上方，就展開了首次直接從空氣中捕捉碳的行動。「『氣候工作』公司寫下了歷史新頁。」他們這樣宣告。

在蘇黎世的某天下午，我跟著「氣候工作」公司的公關經理路易絲・查爾斯（Louise Charles）去參觀這個「寫下歷史新頁」的地點。我們先搭火車、再轉搭巴士，前往位於市區東南方三二公里的欣維爾（Hinwil）。我們走在通往焚化爐的聯絡道路上的時候，一輛裝滿垃圾的卡車駛過。焚化爐的體積很大，煙囪上有拐杖糖的條紋。在入口大廳，我們停下腳步欣賞一系列用垃圾製成的藝術品。有幾位男性坐在播放著影片的螢幕前，而片中是更多的垃圾。我們在訪客紀錄簿上簽名，並搭乘員工電梯上到頂樓。

焚化爐的屋頂有十八個跟赫利舍迪發電廠內相同的捕捉裝置，一共排成三排，像兒童積木一樣層層相疊。有一面設計給前來參訪的學校團體看的告示牌用圖片解釋「氣候工作」公司所做的事。上面畫著一台垃圾車停在裡面有小火焰燃燒的焚化爐前，一條標示為廢熱的管線會從火焰處引導至捕捉裝置集結處。（使用來自焚化爐的廢熱能讓「氣候工作」公司避開「先排放後捕捉」的陷阱。）另一條標示為「集中二氧化碳」的管線，則是從捕捉裝置導向一座內有漂浮蔬菜的溫室。

從屋頂上，我看得見二氧化碳目的地的那間溫室本尊。查爾斯原本也安排了一起前往參觀的行程，但因為她膝蓋剛動完手術，仍然舉步維艱，所以我就自己走過去。我在門口遇到這個地方的負責人保羅．路瑟（Paul Ruser）。少了查爾斯幫忙翻譯，我們只能勉強混用英文與德文溝通。

路瑟跟我說（或至少我認為他是這麼說的），這些溫室的面積有四四五〇〇平方公尺：整座農場都在玻璃帷幕下。外面的天氣可能冷得要穿毛衣；在裡面卻有如夏季。用箱子運來溫室的大黃蜂一面搖搖擺擺，一面發出嗡嗡聲。三．六六公尺高的黃瓜藤從一小片培養土中長出來；這些黃瓜是瑞士人稱為「小食黃瓜（Snack-gurken）」的一種迷你黃瓜，才剛採收下來，高高堆在箱子裡。路瑟指向地上一條黑色的塑膠管。他說，這條管子內有從「氣候工作」公司的裝置運來的二氧化碳。

「所有的植物都需要二氧化碳，」路瑟說，「如果提供愈多，它們就愈健壯。」他說茄子更是如此：在有大量二氧化碳的環境下，茄子長得特別快；若只考慮這種植物的生長，就能把濃度調到一〇〇〇 ppm——這是外在世界濃度的兩倍。但他要很小心才行，畢竟二氧化碳是付錢請「氣候工作」公司輸送過來的，所以必須精打細算——「我得要權衡出能獲利的濃度。」

移除大氣中的二氧化碳可能勢在必行；此方法已經納入IPCC的計畫中。然而，以當前情況而言，卻仍然未有可行的經濟模式。要如何用一個沒人想買的產品，創造出一千億美元的產業？這些茄子與小食黃瓜無疑是權宜的解決方案。把二氧化碳賣給溫室能為「氣候工作」公司帶來穩定現金流，以裝設更多碳捕捉裝置。問題是，這些捕捉到的碳只會被短暫捕捉。因為只要咬一口小食黃瓜，就會再釋放出用來生產作物的二氧化碳。

櫻桃小番茄從溫室裡更多片的土壤中，以螺旋狀往天花板生長。這些再過一兩天就要收成的番茄，在這個溫室中長得很完美。路瑟也摘了幾顆給我。燃燒垃圾、大面積的玻璃、一箱箱的大黃蜂、用捕捉來的二氧化碳栽種植物——這些事到底是新潮？還是瘋狂？我遲疑了一下，然後把番茄塞入口中。

2

跟芮氏地震規模（Richter scale）形同表親的火山爆炸指數（The Volcanic Explosivity Index）是在一九八〇年代提出來的。指數上最低等級為爆發時只會發出輕微聲響的零級；最高的則是超級巨大、足以造成劃時代災難的八級。跟它較為人知的親戚一樣，火山爆炸指數也是以對數呈現，所以舉例來說，如果一次爆發產生超過一億立方公尺的噴出物，就是四級；若產生超過十億立方公尺，那就是五級。在歷史紀錄上，只有少數七級（產出千億立方公尺噴出物）的火山爆發，而沒有八級火山爆發。在這些七級火山爆發中，最近期（因此也是紀錄最完整）的一次，是印尼松巴哇（Sumbawa）島的坦博拉火山（Mount Tambora）。

一八一五年四月五日的晚上，坦博拉火山發出第一聲警告。該地區的許多人表示聽到很大的隆隆聲，還以為是大砲的聲音。五天之後，火山噴出一柱高達四十公里高的濃煙與熔岩。大約有一萬人瞬間喪生，他們遭到從山坡上奔流而下的熔岩流與灼人蒸氣燒成灰燼。一名倖存者說他看到「一團液體火焰向四面八方流竄。」火山噴出的大量灰塵據說也把白天變成了黑夜。一名把船停在坦博拉以北約四〇〇公里的英國船長表示：「就算把手拿近眼睛，還是看不見手。」松巴哇島與鄰近的藍波克島（Lombok）的作物化為了灰燼，於是有上萬人因飢餓而死亡。

這些都只是開始。除了火山灰，塔博拉火山也釋放出超過一億噸的氣體與細微顆粒，這些物質多年來都停留在大氣中，跟著平流層的風在世界各地飄散。這層霧霾雖然看不見；但後果卻相當顯見。歐洲的夕陽發出詭異的藍光與紅光，而且這個現象在許多私人日記中，以及包含卡斯培・大衛・費德里奇（Caspar David Friedrich）與J. M. W.透納（J.M.W. Turner）的畫作中，都留

坦博拉火山爆發在現場留下巨大的火山口。

下了紀錄。

歐洲的天氣變得既陰暗又寒冷。一八一六年六月，在那次可能為全世界最知名的夏季度假期間，拜倫勳爵（Lord Byron）找了波西．雪萊與瑪麗．雪萊夫妻（Percy and Mary Shelley）合租一間位於日內瓦湖的別墅。一行人因為連續幾天的季節性降雨而受困屋內，他們決定來寫鬼故事——《科學怪人》（*Frankenstein*）就是這樣誕生的。同一個夏天，拜倫寫下〈黑暗〉（Darkness）這首詩，詩中有一段文字：

清晨來又去——但白晝遲未至
淒慘恐懼中，人們忘卻熱情；人們的心
變得冰涼，自私地祈求光明。

從愛爾蘭到義大利，嚴峻的氣候都讓作物歉收。途經萊茵蘭（Rhineland）的軍事戰術家卡爾．馮．克勞塞維茨（Carl von Clausewitz）看到「幾乎不成人形的人在田野遊走」，並且在「一半爛透的馬鈴薯中」尋找能吃的東西。在瑞士，飢餓的人群搗毀麵包店；而在英國，抗議者舉著「麵包或流血（bread or blood）」的標語遊行，與警方發生衝突。

究竟有多少人因飢餓而死，已不得而知；有人估計多達數百萬人。飢荒導致許多歐洲人移民至美國，但後來發現大西洋另一邊的狀況也沒有比較好。在美國的新英格蘭地區，一八一六年是著名的「無夏之年」或者又稱「一八〇〇凍死年」。七月中的天氣冷到佛蒙特州中部的房子屋簷下可形成長達三十公分的冰柱。「大自然的真面目，」《佛蒙特鏡報》（*Vermont Mirror*）評論道，「似乎被死亡般的陰暗給遮蔽了。」在七月八日，南至維吉尼亞州的里奇蒙（Richmond）都遭到寒霜侵襲。查斯特・德威（Chester Dewey）是麻薩諸塞州威廉斯鎮（Williamstown, Massachusetts）威廉斯學院（Williams College）的教授（剛好我也住在這裡），他記錄了八月二十二日的寒流導致黃瓜歉收。八月二十九日又來了更強烈的寒流，這一次摧毀掉多數的玉米。

「火山做的事是將二氧化硫釋放至平流層，」法蘭克・寇奇（Frank Keutsch）說，「經過幾週的氧化後，就會變成硫酸。」

「硫酸，」他又說，「是很黏稠的化學分子。它們會開始產生通常小於一微米的微粒物質——濃縮硫酸的微滴。這些懸浮顆粒會在平流層待上好幾年，而且會將陽光散射回太空中。」這便導致了低溫、古怪的夕陽，以及不時發生的飢荒。

寇奇的身材魁梧，有一頭蓬鬆的黑髮，操著抑揚頓挫明顯的德國口音。（他在斯圖加特附近長大。）在宜人的晚冬某一天，我去他位於劍橋的辦公室找他，辦公室裡擺了很多他孩子的照片與攝影作品。身為專業化學學家的寇奇是哈佛大學太陽能地球工程研究計畫（Solar Geoengineering Research Program）的主要科學家之一，而這項計畫有一部分正是由比爾．蓋茲所資助。

太陽能地球工程（或者用較讓人安心的稱呼——「太陽輻射管理」）的前提是，如果火山可以冷卻世界，那人類也可以。要是將無數能反射陽光的粒子丟入平流層內，那麼到達地球的陽光就會變少。於是，氣溫會停止上升——或至少升得不那麼快——因而能避免災難。

縱使在這個人類會將河流通電、對嚙齒類進行基因改造的年代，太陽能地球工程仍被視為異類。大家形容這種技術：「難以置信地危險」、「通往地獄的康莊大道」、「難以想像地劇烈」，以及——「無可避免」。

「我之前認為這個想法非常瘋狂，也很令人不安。」寇奇跟我說；而他之所以醒悟，是因為恐懼。

單位（英里）

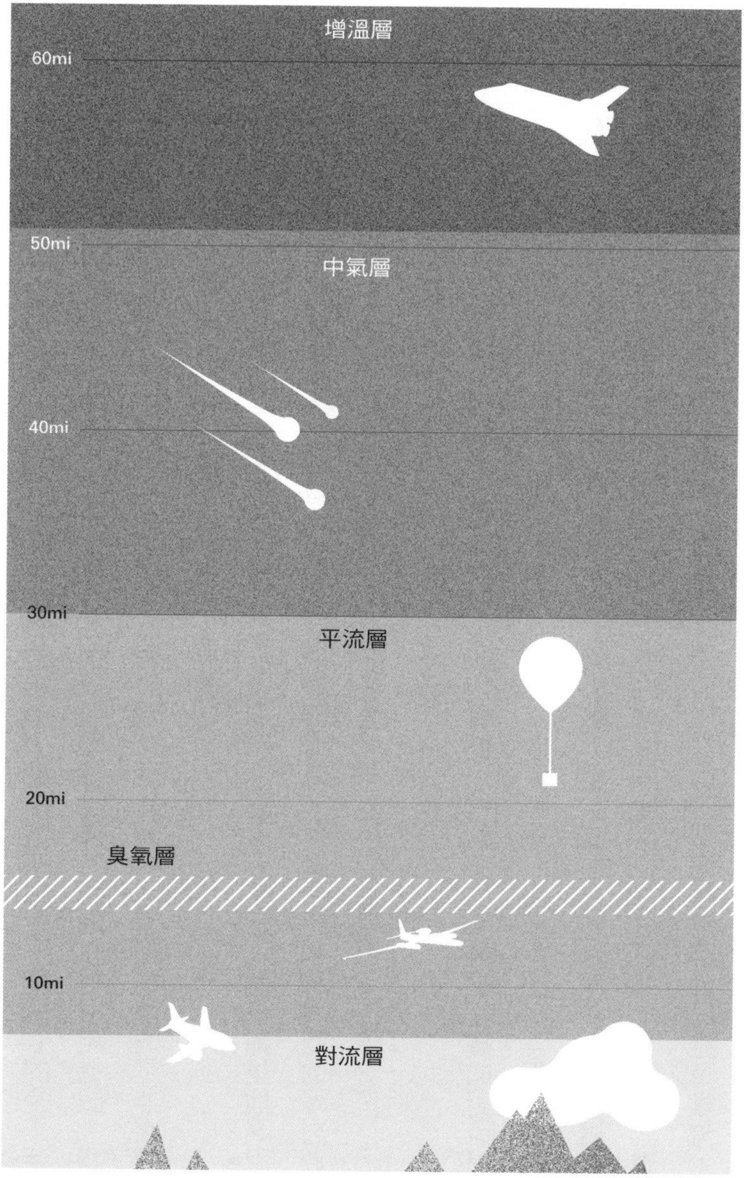

「我擔心的是十年或十五年後，民眾會走上街頭要求決策者：『你們現在必須採取行動！』」他說，「我們面臨二氧化碳這些全盤的問題，又很難迅速應對。我擔心的是，若在輿論壓力下得要快速有所行動，那麼手頭上除了平流層地球工程之外，別無他法。我擔心如果我們到那時候才開始研究，會為時已晚，因為平流層地球工程牽涉的是非常複雜的系統。另外也要補充一點：很多人對此不敢苟同。」

「奇怪的是，當我開始投入這個領域時，我可能就沒那麼擔心了，」幾分鐘後他又說道，「因為距離真正要實作地球工程的時間似乎還很遙遠。但是多年來我看到大眾對於對抗氣候變遷這件事缺乏實際行動，偶爾還是很擔憂那一天真的會到來。我壓力很大。」

平流層可被看成地球的第二個陽台。它在雲朵翻騰、信風吹拂、颶風狂嘯的對流層之上；位於流星會蒸發掉的中氣層之下。平流層的高度會因季節與地點而異；很粗略地說，赤道上方的平流層最底部在地表約十七．六公里之上，而在極地則比較低——離地約九．六公里。從地球工程的觀點而言，平流層的關鍵特性在於它很穩定——比對流層穩定許多——而且還算好「上去」。民航飛機通常在較低的平流層飛行，以避免亂流；而偵察機則在平流層的中段高度飛行，以避開地對空飛彈。從熱帶地區注入平流層的物質會向兩極漂移，並在數年後重新落下回到地球。

因為太陽能地球工程的目標是減少抵達地球的太陽能，所以任何能反射陽光的粒子（至少在理論上）都能拿來運用。「最好的材料可能是鑽石，」寇奇跟我說，「鑽石不會吸收任何的能量，所以能減少對平流層動態的影響。而且鑽石本身非常難發生化學反應。有人認為這種構想要價太高昂，我才不管。若真要大規模施作，而且能因此解決重大問題的話，最後總會有辦法的。」將微小的鑽石射入平流層的想法讓我覺得很魔幻，就像要為這個世界撒上精靈粉一般。

「但還是要考慮一件事：所有的物質最終都會落回地球，」寇奇接著又說，「這是否表示地球上的人會吸入這些鑽石細粉？很可能數量會極少，所以不成問題。但不知怎麼回事，我其實不喜歡這個想法。」

另一個選項是完全比照火山，我們也噴二氧化硫。這麼做一樣有缺點：在平流層輸入二氧化硫會導致酸雨。更嚴重的是，它會破壞臭氧層。一九九一年，在菲律賓的皮納圖博火山（Mount Pinatubo）爆發後，全球氣溫短暫下降了大約攝氏〇．五六度。至於熱帶地區的平流層低處的臭氧濃度，則少了三分之一。

「也許這種說法不大恰當——但這是我們已不陌生的魔鬼。」寇奇說道。

在可使用的物質中，寇奇對碳酸鈣最感興趣。碳酸鈣幾乎隨處可見，只是形式不同——在珊瑚礁中、在玄武岩的孔隙裡、在海底的爛泥中，比比皆是。它是石灰岩的主要成分，也是世界上最普遍的沉積岩。

「在我們生活的對流層中，就有大量的石灰岩粉塵四處飛，」寇奇評道，「這是此物質吸引我的地方。」

「這種物質的光學性質近乎完美，」他又說道，「它可溶於酸中。因此我可以肯定，它不會像硫酸一樣破壞臭氧層。」

寇奇跟我說，數學模型也證實了這種礦物質的優點。但除非有人真的將碳酸鈣投入平流層，否則難以確認模型的可信度有多少。「我們沒有別的辦法能夠知道。」他說。

第一份針對全球暖化提出的政府報告——雖然那時仍未將此現象稱為「全球暖化」——是於一九六五年呈交給美國總統林登．詹森（Lyndon Johnson）。「人類在不知不覺中，正進行著一場大型的地球物理實驗。」報告如此宣稱。幾乎可以肯定，燃燒化石燃料最終會導致「顯著的氣溫提上升」，並隨之帶來其他改變。

「南極冰層的融化會讓海平面上升一二二公尺。」報告指出。即使這個過程需耗時千年，海洋仍會「每十年上升一・二公尺」或者「每世紀上升十二公尺」。

一九六〇年代的碳排放量迅速成長——每年約增加百分之五。然而，這份報告並未提到扭轉或試圖減緩成長態勢的辦法，反而建議去「盡全力探索……各種人為對抗氣候變遷的可能途徑。」其中一種可能方法是「在海洋區域中散布非常小的反射粒子。

該報告聲稱：「粗估約一百美元就足以產出覆蓋面積達二・五九平方公里的粒子。因此，若要在反射程度上帶來百分之一的變化，可能要花五億美元的經費（約等於今日的四十億美元）。」考量到「氣候對經濟與人類的重要性，這種規模的花費似乎不算太過分。」報告總結道。

但因為報告的幾作者都已不在人世，所以無法得知為何該委員會會直接以傾倒要價數百萬美元的反射物質來當結論。或許，是時代氛圍使然。一九六〇年代，無論是在美國或蘇聯，控制氣候與天氣的提案都十分流行。破風計畫（Project Stormfury）是美國海軍與氣象局針對颶風進行的合作項目。他們認為，藉著派遣飛機在颶風眼壁附近的雲層灑碘化銀，就可讓颶風威力減弱。卜派計畫（Operation Popeye）是美國空軍在越戰期間一項天氣改造的祕密計畫，他們一樣希望藉由在雲中噴灑碘化銀的方式，增加胡志明小徑的降雨量。在《華盛頓郵報》爆料並導致卜派計畫終止前，驚人的是，美軍氣象偵察第54中隊一共執行過兩千六百次的造雨任務。（與此相關的「熔岩突擊隊〔Operation Commando Lava〕」計畫，則是將混合化學物質倒在小徑上以破壞土壤的穩定度。）其他由政府出資的氣候改造計畫則包含減少閃電及抑制冰雹等目標。

蘇聯的計畫可能讓人覺得他們更有遠見或更荒誕（就看你是採哪一種視角）。在《人類能改變氣候？》（*Can Man Change the Climate?*）一書中，工程師彼得．波里索夫（Petr Borisov）建議築一道橫跨白令海峽（Bering Strait）的大壩，並將北極的冰帽融化。數百立方公里的冷水就會以某種方式，從北冰洋（Arctic Ocean）流入白令海，並讓北大西洋較溫

橫跨白令海峽的大壩提案示意圖。

暖的水流入北冰洋。根據波里索夫的計算，這麼做能讓極區與中緯度地區的冬天不那麼嚴寒。

「我們需要的是與寒冷對抗，不是『冷戰』。」波里索夫表示。

另一名蘇聯科學家米哈伊爾．葛羅斯基（Mikhail Gorodsky）則建議在地球周圍建立一個長得像土星環的鉀粒子帶，作用是在夏季反射陽光。葛羅斯基相信，這麼做能讓緯度較高的北方冬天更為溫暖，而且還能讓地球上的永久凍土融化，他樂見這樣的發展。《人類對抗氣候》（*Man Versus Climate*）這本由設立於莫斯科的和平出版社（Peace Publishers）從俄文譯成英文的調查報告，檢視了包含這份提案在內的許多蘇聯提案，並在結尾宣告：

> 每一年，改變大自然的計畫都會推陳出新。這些計畫將益發宏偉、更加振奮人心，因為人類的想像力就跟人類的知識一樣，是無止無盡的。

到了一九七〇年代，氣候工程學變得乏人問津。這次也一樣很難找出真正的原因。輿論對於環境的顧慮可能有些關係，而且有愈來愈多科學界共識認為，人工降雨毫無意義。與此同時，英國與俄國有與日俱增的報告出版，警告人類正在大規模改變氣候。

一九七四年，列寧格勒地球物理觀測站（Leningrad Geophysical Observatory）的著名科學家米哈伊爾．布迪科（Mikhail Budyko）出版了《氣候變遷》（*Climatic Changes*）一書。布迪科列舉出二氧化碳濃度上升會帶來的危險，但也認為這個趨勢是無法避免的：控制排放的唯一方式是減少使用化石燃料，但沒有國家會願意這麼做。

順著這個邏輯，布迪科也想出了「人工火山」的辦法。二氧化硫可以藉由飛機或「火箭與不同類型的飛彈」注入平流層。布迪科並不打算像「破風計畫」那樣改善大自然，也不想在白令海峽築水壩。他的想法反而較偏向「收復失地」的立場，一如《獵豹》（*The Leopard*）中的那句名言：「如果我們想要讓一切保持原狀，就得改變一切。」「在不久的將來，為了維持現在的氣候狀況，我們必需進行氣候改造。」布迪科寫道。

哈佛大學的應用物理學教授大衛．凱斯（David Keith），被形容為「可能是對地球工程最重要的支持者」。但他對這個說法很不滿——「我支持的是現實。」他在二〇一五年一封致《紐約時報》編輯的信中寫道。凱斯在二〇一七年創立了哈佛大學的太陽能地球工程研究計畫，而且定期會收到仇恨郵件。他曾兩度遭到死亡威脅，並擔心到去報警。他的辦公室跟寇奇的在同一條走廊上，位於一棟稱為「連結（the Link）」的大樓裡。

「太陽能地球工程不是一門光靠空想就能做的學問，」拜訪寇奇幾天後，我去找他時他跟我說，「這取決於人類要怎麼運用這個技術。所以每當有人宣稱，太陽能地球工程會危害數百萬人、會拯救世界，又會如何如何的時候，應該要問的是：『是哪種太陽能地球工程？用哪種方法執行？』」

凱斯身材既高又削瘦，留著林肯那種經典的鬍子。他是一名狂熱的登山愛好者，也形容自己是「發明家」、「技術愛好者」，以及「古怪的環保主義者」。他在加拿大長大，並在卡爾加里大學（University of Calgary）教了大約十年的書。在那裡工作時，他創立了自己的公司：碳工程（Carbon Engineering），那是一個跟「氣候工作」公司在直接從空氣捕捉碳這項技術領域中競爭的單位。（我曾造訪過碳工程公司在英屬哥倫比亞省的試驗工廠；從那裡可以看到加里波第山〔Mount Garibaldi〕這座高達二七四三公尺高的休眠火山的壯觀景色。）如今，他有部分時間待在劍橋，另一部分時間則留在加拿大洛磯山脈的小鎮坎摩爾（Canmore）。

凱斯相信，世界最終會減少碳排放，就算不是一路降到零，也是趨近於零。它也相信除碳技術總有一天可以規模化，並解決剩下的問題。但就算是這樣，有很大機會還是做得不夠。在「超越限度」期間，許多人將遭受苦難，而且不論從什麼角度看，這些改變的發生都是不可逆轉，比如大堡礁的滅亡。

他認為最好的辦法就是統統都做：減少碳排、進行除碳，並更認真看待地球工程。若以電腦模型提供的資訊為基礎，他建議，最安全的選項是送入平流層足夠的懸浮粒子去抵銷一半的暖化情形，而非全部。這種做法或可稱為「半工程（semi-engineering）」。

「如果不試著將氣溫回復到前工業時代的水準，其實所有氣候模型的證據都顯

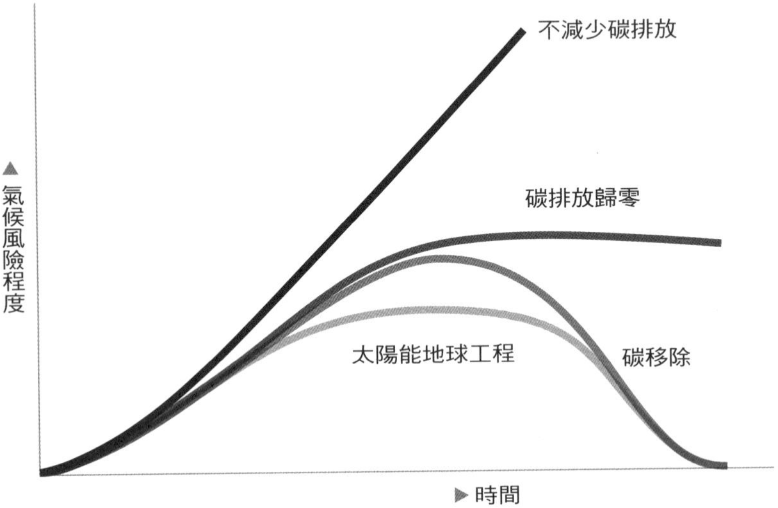

太陽能地球工程很有潛力用來「大幅削減」氣候變遷的風險。

示了，眾所周知的多數氣候災害——極端降雨、極端氣溫、水資源可取用度的改變、海平面上升，這些都會惡化。」他跟我說。他說，這是真的，「基本上所有地方都是如此，沒有一個區域會明顯特別糟。這種結果我想是非常驚人的。」

我問了凱斯關於有時會稱為「道德風險」的問題。如果大眾認為地球工程能避免氣候變遷的最糟結果，會不會也因而削弱他們減碳的動機？他同意這確實值得擔憂。但他表示，相反的情況一樣有可能發生：「擴大選擇範圍」能激勵「更宏大」的行動。「拋開那種認為『我們唯一能做的只有減碳』的偏執，或者更狹隘的版本——『我們唯一能做的只有再生能源』，那麼在這個問題上，就可能更廣泛達成政治上的共識。大家可能更加願意花大錢去減碳，因為總體而言，那會是讓世界變更好的計畫的一部分，而非只是要盡量降低損害範圍。」

我提到，在他所研究的介入手段一事上，人類過去的紀錄不是太好。雖然引入有毒的兩棲類動物很難跟阻擋陽光相提並論，但我仍引用了甘蔗蟾蜍的例子。

凱斯認為這只顯露出我的偏見：「面對那些認為科技修復的技術大多都會出問題的人，我會說：『好，那農業有出什麼問題嗎？』毫無疑問，農業領域中有許多非常出人意料的結果。」

「大家只想到環境改造的各種糟糕案例，」他又說道，「他們忘了那些多少帶來好處的其他例子，比如原生自埃及的一種檉柳屬的草。這種草在西南部的沙漠四處蔓生，還很有破壞力。經過幾次試驗後，當地引進一些會吃檉柳屬植物的蟲，現在看來顯然管用。」

「要澄清一件事，我的意思不是多數改造都帶會來好處。我要說的是，這是一整套包山包海、尚不明確的做法。」

地球工程並非那種能用郵購買來的工具包，然後讓人在廚房裡輕鬆完成。然而，隨著改造世界的工程技術逐步演進，這看起來反而出奇簡單。輸送懸浮粒子的最佳方式可能就屬使用飛機了。飛機需要能抵達約十八．三公里高的高空，並具備約二十噸的載重能力。研究人員對這類飛機的結構進行仔細推敲，並將其命名為「懸浮粒子注入對流層飛行裝置（Stratospheric Aerosol Injection Lofter，簡稱為ＳＡＩＬ）」，他們的結論是ＳＡＩＬ的研發費用會高達二十五億美元。金額聽起來很大，但這僅是空中巴士（Airbus）投入研發「超級巨無霸（superjumbo）」A380費用的十分之一，而且在十幾年後這個型號才停產。若要組織ＳＡＩＬ機隊，每十年還需花費約兩百億美元左右的經費。數字一樣很大，但目前全世界每年約花費三百倍的預算在化石燃料的補貼上。

「有數十個國家同時擁有足以啟動這類計畫的專業與資金。」參與研究的耶魯大學講師威克．史密斯（Wake Smith）與紐約大學教授格諾特．華格納（Gernot Wagner）說。

太陽能地球工程不只相對便宜；也能立竿見影。幾乎只要SAIL機隊一投入行動，地球就會開始冷卻。（在坦博拉火山爆發一年半後，新英格蘭地區的黃瓜都凍死了。）就像寇奇跟我說的那樣，這是應對氣候變遷唯一的「速成手段」。

但SAIL機隊這樣的解方之所以看起來如此快速又廉價，最主要正是因為這不算是個解方。這項技術處理的是全球暖化的症狀，不是病根。也因為這樣，地球工程常被喻為與治療海洛因成癮的美沙冬（methadone），雖然或許更貼切的比喻是用安非他命治療海洛因成癮。最終結果就是用兩種癮取代一種癮。

由於被拋入平流層的方解石[1]或硫酸鹽（或鑽石）微粒會在幾年之後落回地面，所以得要持續補充才行。如果飛行數十年的SAIL突然因為某種原因——戰爭、疫情、對結果不滿意——而中止了，那麼結果就會像是把地球大小的烤箱門給打開。原先被掩

1 譯註：方解石是碳酸鈣的穩定形態。

蓋的所有暖化效應，都會在快速且劇烈的升溫中原形畢露；這種現象就是所謂的「停止衝擊（termination shock）」。

同時，為了跟上暖化的步伐，ＳＡＩＬ的載重量必須日漸提高。（若套用「人工火山」的用語，那表示要有愈來愈劇烈的爆發。）史密斯和華格納根據凱斯所提出可讓未來暖化速度減半的那份草案，進行了成本試算。他們預估在計畫的第一年，需要把大約十萬噸的硫帶到天空中。到了第十年，這個數目會上升到超過百萬噸。在這期間，飛行的次數也會一起攀升——從每年四千次增加到每年四萬次以上。（麻煩的是，每次飛行都會製造許多噸的二氧化碳，導致氣候變暖，因而需要出更多次任務。）

在平流層中注入愈多微粒，就愈有可能發生副作用。根據研究人員的檢驗，若使用太陽能地球工程去抵銷五六〇ｐｐｍ的二氧化碳濃度——這個濃度很可能在本世紀末成真——他們認為天空的樣貌也會隨之改變：白色會變成「新的藍色」。他們指出，這會造成「那些天然而原始的地區的天空，看起來跟城市上方的天空很相似。」他們說，另一個比較討喜的結果則是會有壯觀的落日，「就像在大型火山噴發後會看到的那種景色。」

艾倫・羅勃克（Alan Robock）是任職於羅格斯大學（Rutgers）的氣候科學家，也是地球工程模型對比計畫（Geoengineering Model Intercomparison Project，簡稱為GeoMIP）的領導人之一。羅勃克不斷在整理一份地球工程引人擔憂之處的清單；最新的版本羅列了超過二十幾個條目。第一個是擔心可能影響降雨模式，導致「非洲與亞洲面臨乾旱」。第九個是「太陽能發電量下降」。第十七個是「使天空變得更白」。第二十四個是「造成國家衝突」。第二十八個是「人類有權這麼做嗎？」

✦ ✦ ✦

好幾年來，凱斯跟寇奇攜手合作一項名為「平流層擾動控制實驗（Stratospheric Controlled Perturbation Experiment，縮寫為SCoPEx，發音是『scope-ex』）」的計畫。這個實驗理應在沒有樹的地方（如美國西南部）、離地十九・二公里的高空進行。實驗會用到半公斤到一公斤重的反射微粒，以及一顆掛著裝滿科學儀器的吊籃的零壓探空氣球（zero-pressure balloon）。

當我到了劍橋時，他們正在進行吊籃製作，凱斯主動帶我去看裝設過程。我們沿著迷宮般的走廊前進，然後走進一間研究室，裡面滿是管子、金屬罐、打包用的板條箱、電路板，以及媲美家得寶（Home Depot）的各式工具。「這是飛行器的骨架，」他指著一組相當於一間小屋大小的金屬橫梁說，「而這些是飛行器的推進器。」

凱斯解釋這項實驗會分階段展開。首先，這個無人氣球會飄上平流層，從吊籃釋放一批微粒。接著氣球會掉頭往回穿過微粒組成的煙雲，並監測有無變化產生。

這項實驗的目標並不是要測試地球工程的技術本身——因為區區幾百公克碳酸鈣或二氧化硫，無法對氣候造成可觀察到的變化。儘管如此，SCoPEx代表的是這項概念嚴格意義上首次實地測試——或者也可稱為實空測試。但有許多人反對他們升空。

「即使數量微不足道，」凱斯跟我說，「讓一顆氣球向平流層噴出微粒還是非常具象徵意義。」

「一些人認為我們不該做這個實驗，他們的理由都算合乎邏輯，」凱斯一邊跟我說，一邊看著他的研究生將環氧樹脂（epoxy）塗在SCoPEx吊籃的起落架上，「但實際上真正會有危險的——先說清楚——就只有某些東西可能脫落、砸到某人的頭上。」

到目前為止，哈佛的地球工程研究計畫是世界上經費最充裕的，約有兩千萬美元資金挹注。但在美國與歐洲，也還有其他組研究人員在探索其他形式的「氣候介入」方案。

曾任英國首相東尼·布萊爾（Tony Blair）的首席科學顧問，以及英國首相戈登·布朗（Gordon Brown）氣候變遷政府特別代表的大衛・金爵士（Sir David King），最近在劍橋大學發起一項名為「氣候修復中心（the Centre for Climate Repair）」的研究倡議行動。

有一天，金在電話中告訴我：「現在的氣溫比前工業時代高了約攝氏一・一或一・二度。而結論是，這已經太高了。舉例來說，北極的海冰已經比我們所預測的還要融得更快。我們也看到格陵蘭冰層的融化，一樣比原來預測的速度還快。但我們該如何應對？」

金說，除了力求大幅減少碳排放之外——「坦白講，沒這麼做，我們就完蛋了」——創立這個中心也是為了提倡除碳技術領域的研究，並鼓勵能讓極圈「重返冷凍狀態」的科技研發。他提到一個想法，是要進行北極圈的「雲增白」。其中的規畫是要派出艦隊前往北冰洋，並向天空射出非常細小的鹽水微滴。理論上，鹽的結晶體會增加雲的反射能力，因而減少直射冰層的陽光。

「我們希望保存極地冬天所形成的海冰層，」金說，「如果你每年都這麼做，就能一層層重建冰層。」

丹・施拉格（Dan Schrag）是哈佛大學環境中心的主任，也是麥克阿瑟（MacArthur）「天才獎」的得主。他協助設立哈佛的地球工程計畫，並且也是顧問委員會的一員。「有些人對於以工程改變全球氣候的前景感到驚恐，」他寫道，「諷刺的是，這些工程成就可能是讓地球上多數自然生態系得以留存下來的最佳手段——雖然在展開工程以後，或許那已不能再稱為『自然』。」

施拉格的辦公室離凱斯與寇奇的辦公室只有一個街區之遙，所以我去劍橋時，也安排了與他碰面。他養的狗「米奇」是隻親切的契努克犬，那天牠緩緩走來迎接我。

「我不知道身為一名作家，你可曾感受過這樣的壓力，」施拉格說，「但我感覺得到同事們施加的不少壓力，大家無不希望有個圓滿結局，也都想看見希望。但我想說：『你知道嗎？我是科學家。我的工作不是告訴大家好消息。我的工作是盡可能準確地描述這世界。』

「身為一名地質學家，我會從時間的尺度去思考事情，」他又說道，「氣候系統的時間尺度是從幾百年到幾萬年來算。哪怕我們明天就停止排放二氧化碳——當然，這不可能——接下來幾個世紀的氣候仍然會變暖，因為海洋尚 未達到平衡。這只是基本物理知識。我們不確定氣候還會變得多暖，但很可能輕易就比目前我們經歷到的，程度還要高個七成。照這樣來看，我們已經身處升溫攝氏兩度的世界。若還算幸運的話，我們可能在升幅為攝氏四度時打住。這無關樂觀或悲觀，我想就是個客觀事實。」（全球氣溫升高攝氏四度不只超過了官方所認定的災難門檻，更可謂朝著足堪以「無法想像」來形容的境界前進。）

「我認為，那種覺得『太陽能地球工程研究會打開潘朵拉之箱』的想法，簡直天真到難以置信，」施拉格說，「你真的相信美軍跟中國軍隊沒有考慮過這件事嗎？拜託！他們都進行過人工降雨。這不是什麼新想法，也早已不是什麼祕密了。」

「大眾必須停止在『他們是否喜歡太陽能地球工程』這個問題上打轉，而且也不是去想『到底該不該進行太陽能地球工程』。要知道：我們無權選擇；美國也無權選擇。身為世界領袖，現在有一種科技能讓你免於受苦，或者少受點苦，你應該要很感興趣才對。我不是說明天就要馬上這麼做，我覺得目前可能還有個三十年的時間吧。科學家的首要任務是辨識出可能出錯的各種狀況。」

就在我們討論時，一名施拉格的朋友來到他的辦公室。施拉格向我介紹了這個友人：艾莉森．麥克法蘭（Allison Macfarlane），她是喬治華盛頓大學的教授、美國前核能管理委員會主席。施拉格告訴她，我們正在談地球工程的話題，而她比出了姆指向下的手勢。

「這樣會有意想不到的結果，」她說，「你以為你在做正確的事，以你對自然界的理解，這麼做應該奏效。但是一旦你做了，結果卻又適得其反，還導致其他事情發生。」

「我們面對的困境是真實世界的氣候變遷，」施拉格回應，「地球工程不是能草率進行的事。我們之所以要思考這件事，是因為真實世界發給我們一手爛牌。」

「這手爛牌是我們發給自己的。」麥克法蘭說。

3

在美國海軍啟動「破風計畫」的同時，美國陸軍也展開了一項名為「冰蟲（Iceworm）」的計畫（但只有很少人知道這個名稱，因為當時是最高機密）。「冰蟲計畫」是為了在冷戰中取勝而制定的一項異常「冰冷」的方案。美國陸軍提議在格陵蘭的冰層中，挖出數百英里的隧道。隧道內會裝設軌道，核彈則會沿著軌道來回移動，讓蘇聯猜不透。「『冰蟲計畫』因而結合了機動性、分散性、隱密性與堅實性。」一份機密報告誇耀道。

按照這份計畫的內容，在一九五九年的夏天，美國陸軍工兵部隊被派去建造基地。位於北緯七十七度、巴芬灣以東二四〇公里處的世紀營（Camp Century）是迄今在冰層上（或說冰層之中）所豎立的最大物體。美國陸軍工兵部隊利用非常大台的鏟雪機挖出連接宿舍、餐廳、教堂、電影院與理髮廳的地下道路系統；甚至還有一間冰下藥局會販賣能買來寄回家的香水。（最受歡迎的營地笑話是「每棵樹後面都有一個女孩。」）為這項計畫提供電力的是一座可攜式核子反應器。

在整個「冰蟲計畫」中，世紀營是美國陸軍會對外宣傳的那一部分。他們宣稱，這個基地是建來進行極地研究的。美國陸軍還拍攝一部宣傳影片，將工兵部隊的艱鉅工作記錄下來。從岸邊將建築材料運進來，需要經由特殊拖拉機組成的車隊，以時速三．二公里駛過冰上來運送。「世紀營是人類為征服環境而不斷奮鬥的象徵。」影片的旁白這麼讚嘆著。記者被帶著參觀隧道，而兩名童子軍（一名美國人、一名丹麥人）則被邀請到北方過夜。

然而在世紀營剛建成沒多久，麻煩就出現了。冰跟水一樣會流動，而工兵部隊知道這一點，也把這種動力學納入了考量。但工兵部隊沒有充分考慮到人為因素——從反應器發出的熱會加速這個過程。幾乎同一時間，隧道開始收縮。為了防止宿舍、電影院與餐廳被壓碎，工作人員必須不停用鏈鋸「修剪」冰塊。一名基地的訪客將這種噪音比擬成地獄惡魔的年度聚會。到了一九六四年，反應器所在的空間變形得太嚴重，必須將機組移出。一九六七年，整個基地被廢棄。

評論世紀營故事的一種方式，就是將它也視為一則人類世的寓言。人類打算「征服環境」；人類慶幸自己夠足智多謀、勇往直前，到頭來卻發現「牆」正一步步逼近。將大自然用鏟雪機趕走，它總是很快又會回來。

但這不是我說這個故事的原因——至少不是主要的原因。世紀營或許曾是個「波坦金（Potemkin）[1]」的研究站；儘管如此，還是真的有研究在當地進行。即便隧道變形而且還縮小了，有一組冰河學家依然著手在冰層上鑽洞。這組鑽洞隊會取出一根根細長的冰柱，並持續鑽到碰到岩床為止。一共超過千根的冰柱就是第一批格陵蘭的完整冰芯樣本，而冰芯所揭露的氣候歷史讓人感到非常困惑且難以置信，所以科學家還在試圖搞清楚箇中奧祕。

第一次讀到世紀營的相關資料，是在我準備要去格陵蘭旅行的時候。我計畫去探訪由丹麥所領導的「北格陵蘭冰核計畫（North Greenland Ice Core Project，簡稱為North GRIP）」的鑽掘行動，其地點位於三．二公里厚的冰層上，位置比世紀營還要偏遠。為了抵達那裡，我搭乘加裝滑雪板的C-130「大力士（Hercules）」運輸機，業內人士都稱

1 譯註：一七八七年，俄羅斯帝國的凱薩琳大帝出巡從俄土戰爭獲得的克里米亞的途中，管理當地的將軍格里戈里．波坦金（Grigory Potemkin）在第聶伯河兩岸布置可移動的村莊來欺騙女皇及隨行的大使們。而在現代政治和經濟脈絡下，「波坦金村莊」指專門用來給人虛假印象的建設和舉措。

之為「Herc」。飛機上載了上千公尺的鑽井鋼索、一組歐洲的冰河學家，以及丹麥的研究部部長。（格陵蘭是丹麥的領土，但美國陸軍在盤算「冰蟲計畫」時卻很自得其樂地忽略這個事實。）部長也跟其他人一樣，必須戴著軍用耳塞坐在貨倉中。

世紀營的其中一個入口。

「北格陵蘭冰核計畫」的其中一位主任J. P.史蒂芬森（J.P. Steffensen）在我們下飛機時前來迎接。我們身上穿著巨大的保暖靴與厚重的雪地裝備，史蒂芬森則穿著一雙舊球鞋、一件敞開的骯髒派克大衣（parka），而且還沒戴手套。他的鬍子上掛著細小的冰柱。首先，他簡短對我們做了一些說明，內容關於脫水的各種危險。「這聽起來非常矛盾，」他跟我們說，「你們站在三公里深的水上方，但這裡非常乾燥，所以一定要讓自己去尿尿。」接著，他簡要介紹起營地的規則。這裡有兩座來自瑞典的防凍廁所，但他們體貼地要求男士們到冰上有面小紅旗的指定地點排尿。

「北格陵蘭冰核計畫」無疑是一件審慎的任務。營地上六張櫻桃紅色的帳篷圍起一座有網格圓頂的建築物，這些帳篷是透過網購從明尼蘇達州寄來的。在這座圓頂建築物前，有人放了一個常用來突顯某地孤立狀態的有趣標誌——這面里程標寫著：最近的城鎮康埃盧蘇阿克（Kangerlussuaq）有八〇〇公里遠。在附近則立著也常用來突顯寒冷的有趣標誌——膠合板拼成的棕櫚樹。四面八方的景觀完全一樣：一望無際的雪白平原，可以說很荒涼，但也可以說頗為神聖。

在營地下，有一條二四．四公尺長的隧道，會通往鑽井室。這個房間跟世紀營其他通道一樣，四面都是冰，裡面的氣溫即使是在七月，都不會高於冰點。也一如世紀營的其他空間，這個房間同樣在縮小。為了加強天花板而加裝的松木

世紀營的隧道必須以鏈鋸來維護。

樑已經不堪積雪重量而斷裂。早上八點就要開始鑽鑿。每天的第一項任務是把一端有鋒利攻牙、長度為三．六六公尺的管狀鑽頭，放到地面鑿孔的最底部。就定位之後，管狀鑽頭與攻牙就會開始旋轉，在其中會形成一根冰柱，接著他們再用鋼索把冰柱拉出來。我第一次旁觀時，這件工作是由分別來自冰島與德國的冰河學家負責操作。為了抵達他們要的深度——二．九五公里——光是鑽下去就花了一個小時。那段時間裡，他們倆除了坐在加熱墊上看電腦和聽ABBA的歌之外，沒有其他事可做。「我們的字典裡沒有『受困（stuck）』這個詞。」那位冰島人對我尷尬地笑道。

就跟所有冰河一樣，格陵蘭的冰層是完全由積雪組成的。愈新的冰層就愈厚而鬆散，年代較久遠的冰層則較為薄而緊實。這也表示在冰上鑽洞就像一面隨高度遞降，一面在時間中逆行。起先，時間往回推得很緩慢，但之後跨度會愈來愈大。大約四二．七公尺深處的冰，是美國內戰時期的雪所形成的；在七六二公尺深處的冰，是柏拉圖（Plato）時代的雪；在一六三一公尺深處的冰，則是史前時代留下的拉斯科洞窟（Lascaux）壁畫繪製時的雪。隨著雪被壓縮，其晶體結構就變成冰，但在其他方面都幾乎沒有變動，因而也成了它所屬時代的遺跡。在格陵蘭的冰層中，有坦博拉火山的火山灰、羅馬人冶煉廠的鉛污染物，以及冰河時期的風從蒙古吹來此處的砂塵。每層冰中都

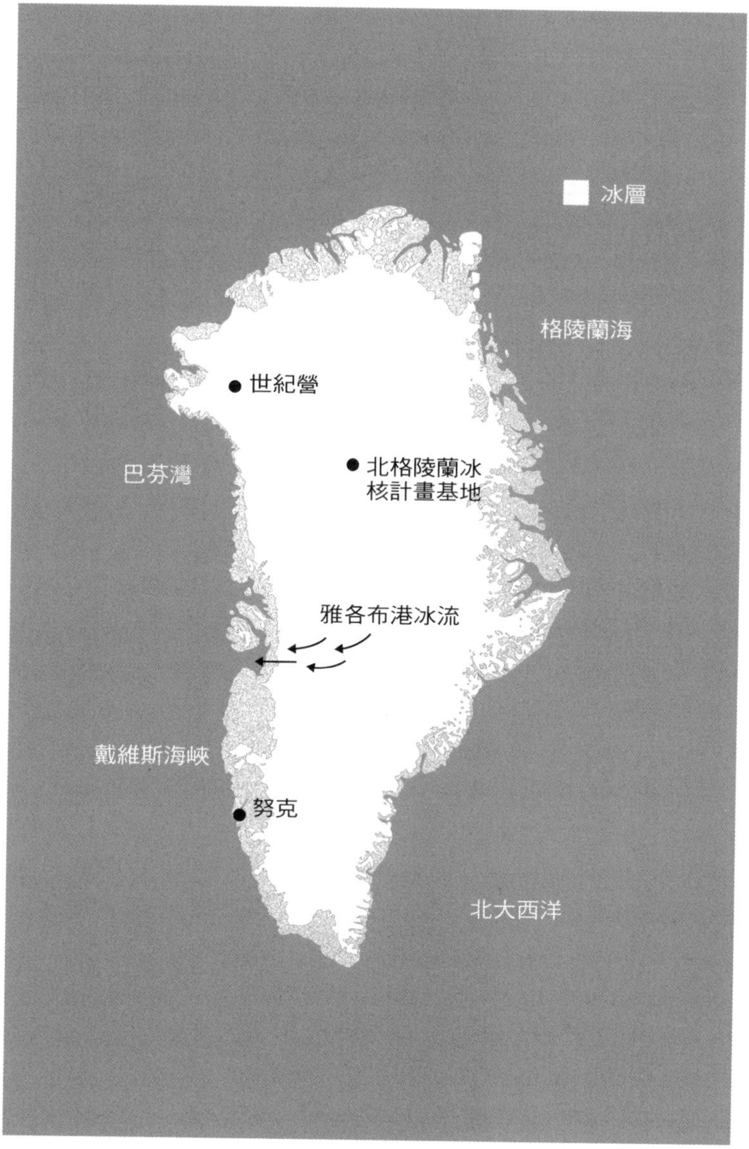
冰層
格陵蘭海
世紀營
北格陵蘭冰
核計畫基地
巴芬灣
雅各布港冰流
戴維斯海峽
努克
北大西洋

會困住一些氣體並形成氣泡，而一顆顆氣泡都是過去大氣的樣本。對於懂得解讀的人而言，這些冰層是天空的史料庫。

終於，鑽鑿小隊取出了一小段的冰芯——長度約六十公分、直徑約十公分。有人去請部長，隨後他穿著紅色的連身防雪裝來到這個房間。這段冰芯看起來跟普通的六十公分長的冰柱很像。然而，有個人解釋，這是十萬五千年前落下的雪形成的冰，那時是最近一次冰河時期的開端。部長以丹麥語驚呼了幾句，似乎一如眾人所料，展現出他的驚豔。

第一位意識到我們能從冰芯中蒐集許多資訊的人，是地球物理學家威利・丹斯加（Willi Dansgaard）。同樣也是丹麥人的丹思嘉是化學沉澱領域的專家，給他一份雨水樣本，他就能根據同位素組成，判斷出雨水形成時的氣溫。他想到這種方法也能應用在雪上。當丹斯嘉在一九六六年聽說了世紀營的冰芯時，便向有關單位申請分析冰芯的許可。申請被批准時，他還非常驚訝。他後來寫道，美國人似乎不理解他們的冷凍庫中有一座資料的「金礦」。

丹斯嘉對世紀營冰芯的粗略解讀證實了人們對於氣候史已知的觀點。最近一次的冰河期在美國名叫「威斯康辛冰河期（the Wisconsin）」，約莫起始於十一萬年前。在威斯康辛冰河期間，冰層在北半球擴散，覆蓋了斯堪地那維亞半島、加拿大、新英格蘭與美國中西部上半部的大多地區。在這段期間，格陵蘭非常寒冷。隨著威斯康辛冰河期大約於一萬年前結束時，格陵蘭（以及世界各地）就變暖了。

但若仔細探究，則不盡然是這麼一回事。丹斯嘉分析了冰芯之後提出，在最近一次冰河時期中期，格陵蘭的氣候變化無常，似乎難以稱為「一種」氣候。冰層的平均氣溫似乎在五十年內飆升了攝氏八度，然後又再度下降，而且相當突然。這個現象發生了不只一次。攝氏八度的氣溫波動？感覺就像紐約突然變成休士頓，或休士頓變成利雅德（Riyadh）[2]，然後又變回來。包含丹斯嘉在內的所有人都感到困惑。數據呈現的劇烈波動是否真能呼應現實世界的情形？或者只是系統的小錯誤？

在之後四十年裡，他們又從冰層的不同部位取出五段冰芯。每一次都會看到這種瘋狂的來回波動。與此同時，其他的氣候紀錄——如義大利湖中的花粉沉澱物、阿拉伯海的海洋沉澱物，以及來自中國洞穴裡的石筍——都顯示出相同的規律。這種氣溫上來回

2 譯註：沙烏地阿拉伯的首都及最大城市。

波動的現象後來便以丹斯嘉與他的瑞士同事韓斯・奧舍格（Hans Oeschger）的名字合稱為丹斯嘉－奧舍格事件（Dansgaard–Oeschgerevent，簡稱為D–O）。在格陵蘭的冰當中，有二十五筆D–O事件的紀錄。賓州州立大學的冰河學家理查・艾利（Richard Alley）將這個結果比喻成「一個三歲小孩剛發現電燈開關這東西，於是就拼命開關個沒完。」

最後一次的大波動發生在冰河時期的尾聲，而且這次波動十分顯著。在十年或更短的時間內，格陵蘭的氣溫驟升了攝氏八・四度。在那之後，氣候的運作便進入一個全新且非常不同的體系。

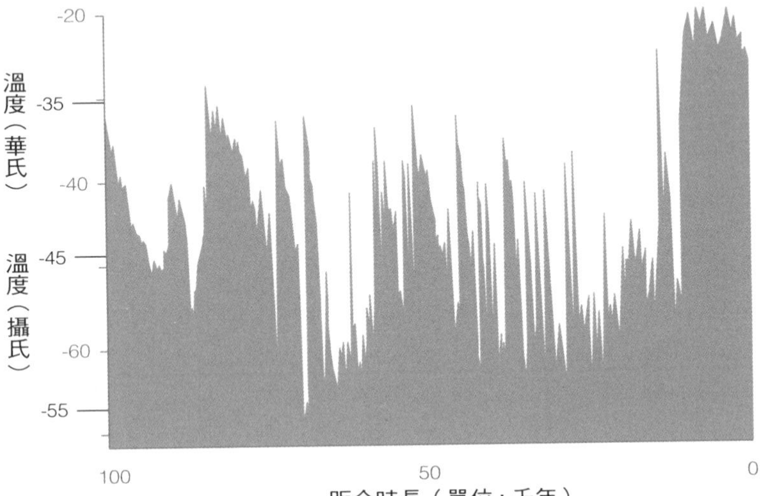

在最後一次冰河期，格陵蘭中部地區的氣溫激烈波動。

接下來的一萬年，格陵蘭（以及全世界）的氣溫大多維持穩定，年復一年、世紀復世紀都如此。

所有的文明都出現在這個相對平靜的時期，所以我們也把這種平靜視為常態。犯下這種錯誤可以理解，但那畢竟是個錯誤。在過去一百萬年間，跟我們時代一樣穩定的，「只有」我們這時代。

在北格陵蘭冰核計畫營地的某天晚上，我在網格圓頂的建築物中訪問到史蒂芬森。當時是午夜，但因為是極晝，所以外面仍陽光閃耀。這名冰河學家正在喝啤酒、玩桌遊，一面聽著《樂士浮生錄》（*Buena Vista Social Club*）的原聲帶。

我談起氣候變遷的議題，同時心懷期望提到，或許這樣能避免碰上另一次冰河期，或者避開更多D-O事件。至少我們能躲過那樣的災難！

史蒂芬森對我的說法毫無興趣。他指出，如果你認為氣候天生就不穩定，那麼最不該做的事就是去影響它。他唸了一句丹麥文的古諺語，雖然我不完全理解其意，印象卻很深刻。他的翻譯：「在褲子裡面尿尿只會讓你溫暖那麼一下子。」

我們轉而討論氣候史與人類史。在史蒂芬森看來，這兩者或多或少要算是同一件事。「如果你思考一下冰芯研究的成果，會發現它改變了我們對世界的想像，還有我們看待過往氣候與人類演化的觀點，」他跟我說，「為什麼在五萬年前，人類沒有創造出文明？」

「你知道，他們擁有跟我們一樣大的大腦，」他又說，「若把這個問題放入氣候的框架來討論，你會說：嗯，因為那時是冰河時期，而且因為冰河時期的氣候很不穩定，所以每次人類才剛開創文明，就得遷移。接著來到了現在的間冰期——氣候非常穩定的一萬年，這是孕育農業發展的完美條件。當你思考這件事，會覺得很神奇。波斯、中國與印度的文明，可能都是在六千年前同時展開的。他們都發展出文字系統、都發展出宗教，也都建造出城市。這些都發生在同一時間，因為當時的氣候很穩定。我認為，如果氣候在五萬年前就這麼穩定，那文明就會從那時開始發展起來。但當時的人沒有選擇。」

當我正考慮要再去一趟格陵蘭，看看史蒂芬森跟他同事鑽鑿出的新冰芯時，COVID-19疫情就爆發了。突然間，所有人的計畫都被打亂，包含我的在內。因為邊境封鎖與航班取消，造訪冰層之旅——或者可以說，幾乎想造訪任何地方——都變得不大可行。我正在試圖將這本討論失控中的世界的書給寫完，但只發現這世界已經失控到我無法完成這本書。

科學家仍在試圖釐清，他們當初在世紀營冰芯中所看到氣溫劇烈波動的原因。其中一個假說是，這與北極海冰的消失有關。若是如此就令人擔憂了，因為當今的全球暖化也在造成北極的海冰消失。但即使不考慮人類造成D－O事件的可能性，過去一萬年的穩定時光顯然也即將告終。在無意間（甚至是不知不覺中），人類利用幸運得來的穩定環境，創造出格陵蘭那種規模的不穩定氣候。

從一九九〇年起，冰層的溫度已經上升將近攝氏三度。在同一時間，格陵蘭消失的冰多了七倍：從每年約三〇〇億噸，成長到平均每年超過二五〇〇億噸。冰層融化發生在愈來愈多的區域，並且緯度也愈來愈高：在二〇一九年夏季異常溫暖的那幾天，超過百分之九十五的冰層表面都偵測到融化的現象。那個破紀錄的夏天，格陵蘭流出將近六〇〇〇億噸的冰，而這種水量足夠填滿一個加州大小的游泳池達一．二公尺深。

「目前北極的暖化速度可以與我們從格陵蘭冰芯記錄到的劇烈波動——或說D－O事件——相提並論。」由丹麥與挪威科學家組成的小組最近在其發表的報告中說道。有鑑於融化的過程會自我增強（水是深色的，所以會吸收陽光；而冰是淺色的，所以會反射陽光），因此開始普遍出現一種擔憂：格陵蘭正在靠近那個整體冰層將無可避免解體的臨界點。雖然可能要幾百年——甚至幾千年——才會發生，但大體上，格陵蘭的冰足以讓全球海平面上升六・一公尺。

就和氣溫一樣，過去海平面高度的變化也很劇烈。在威斯康辛冰河期的末尾，當大型冰層崩裂時，有段時間的海平面是以每年三十公分的驚人速度上升。（有人提出其中一次「融冰大浪〔meltwater pulses〕」後來成了《聖經》〈創世紀〉中洪水故事的靈感來源。）人類的祖先顯然應付過這樣的災難，否則就不會有我們了。但與我們不同的是，他們能輕易移動。你要如何（以及往何處）遷移如波士頓、孟買或深圳這樣的城市？私人財產、國家邊界、地鐵路線、傳輸電纜、汙水管路——這些都是人類社會裡相對新穎的發展成果，而且都無法拿了就走。從這個角度而言，幾乎所有沿岸城市都像紐奧良一樣，致力於留在原地；而為了維持現狀，就必須發展出代價高昂且日漸複雜的介入技術。為了對抗上升的海平面，以及隨之而來的暴風引致奪命大浪，美國陸軍工兵部隊提出在紐約港建造一連串人工島的計畫。這些島會由長達九・六公里的大型伸縮門連接在一起；而工程的經費初步估計將超過一千億美元。另外也有人提出，可以透過支撐南極的冰棚，或是堵住雅各布港冰流（Jakobshavn ice stream）這個格陵蘭最大的冰河出口，以減緩海平面的上升速度。

「我們明白人類對干涉冰河這件事有所猶豫，」這份提案的作者群——來自美國跟芬蘭的科學家——在《自然》期刊中寫道，「身為冰河學家，我們很清楚這些地方的原始之美。」但是，「如果這個世界毫無作為，冰層仍會持續縮小，而且消失的速度也會加快。即便大規模減少溫室氣體的排放（看來機率恐怕不高），也需要數十年時間，才能讓氣候趨於穩定。」

人類先是讓冰的流速加快，然後又藉由豎起一道九一公尺高、四・八公里長的混凝土堤防，試圖減緩流速。

✦ ✦ ✦

這是一本關於人類為「解決問題」而製造出新的問題，又為此而想方設法的書。在寫作的過程中，我採訪了工程師、基因工程師、生物學家、微生物學家、大氣科學家與大氣企業家。他們全都對自己的工作充滿熱情，但通常這種熱情會被懷疑給沖淡。通電魚欄、混凝土決口、假的洞穴、人工雲——在我看來，這些技術與其說是某種科技樂觀主義（**techno-optimism**）使然，倒不如說是出於科技宿命主義（**techno-fatalism**）。因為這些辦法並非要改善原有的事物；而是在目前這種情形下，能想出的最佳對策就是如此。正如《銀翼殺手》（*Blade Runner*）中一名複製人對著可能是、也可能不是在扮演複製人的哈里遜．福特（Harrison Ford）所說：「你覺得如果我買得起一隻真蛇的話，還用得著在這種地方工作嗎？」

正是在這樣的脈絡下，人類必須評估是否該使用輔助演化、驅動基因，以及挖掘用來填埋數億棵樹木的溝渠等介入手段。地球工程可能「非常瘋狂、頗令人不安」，但如果這樣就能減緩格陵蘭冰層的融化速度，或者讓各方「少受點苦」，抑或可避免不再完全天然的生態系統崩毀——難道我們不該納入考量嗎？

安迪．帕克（Andy Parker）是太陽輻射管理治理計畫（Solar Radiation Management Governance Initiative）的計畫主任，而該計畫致力於拓展地球工程領域中的「國際交流」。他更喜歡用化療來比喻這項技術——沒有一個心智正常的人會在有更佳選擇的情況下，選擇要做化療。「在我們身處的世界裡，」他說，「刻意將該死的太陽變暗，會比不這麼做來得安全。」

但若是預設「將該死的太陽變暗」的危險性會低於不變暗的危險性，那也得預設這項技術不僅能按照計畫發揮作用，而且還能按照計畫展開。這需要太多的前提。正如寇奇、凱斯與施拉格都為我指出的那樣，科學家只能提供建議，而執行方式仍仰賴政治決策。你可能會希望這樣的決策能公平對待現在活著的人，以及未來世代、人類與非人類。但我們只能說，從目前的紀錄來看，情況並不太樂觀。（例如可以看看過去人類是怎麼面對氣候變遷的。）

假設全世界——或者一部分果斷堅決的國家——真的派出一組SAIL機隊；並假設雖然SAIL飛機將愈來愈多噸的微粒釋放到高空中飄散，且全球碳排放量仍持續增長，那麼最終結果並不會是回到前工業時代的氣候，或回到上新世（Pliocene）[3]、又或是始新世（Eocene）[4]（那時鱷魚能在北極的岸邊曬太陽）。我們將迎接的，是某種在前所未見的世界裡前所未見的氣候——在那裡，鰱魚會在白色天空下閃閃發光。

3 譯註：是地質時代中新近紀最新的一個世，從距今五百三十萬年開始，距今兩百六十萬年結束。

4 譯註：是地質時代中古近紀的第二個主要分期，大約始於五千六百萬年前，終於三千四百萬年前。

謝誌

若非受到許多人的幫助，這本書不可能寫成。我非常感謝這些人花時間與我分享他們的專業與經驗。

要感謝幫助我理解亞洲鯉魚是如何來到美國，以及牠們往哪去的人：瑪格麗特．費絲碧（Margaret Frisbie）、麥克．艾伯（Mike Alber），以及帶著我搭著城市生活號歷經一趟美妙旅程的「芝加哥河之友」。我也要感謝查克．西亞、凱文．埃隆斯、菲利普．帕羅拉、克林．卡特、杜安．查普曼、羅賓．卡非（Robin Calfee）、阿尼塔．凱莉（Anita Kelly）、安德魯．米契爾、麥克．弗里茲。也謝謝崔西．賽德曼以及伊利諾州自然資源部的生物學家與約聘漁夫忍受著我以及我沒完沒了提出的問題。

歐文．博德隆（Owen Bordelon）很親切（且專業地）帶我飛越普拉克明堂區；大衛．穆斯（David Muth）與雅克．赫勃（Jacques Hebert）則想幫助我完成這件事。克林．威爾森（Clint Willson）、魯迪．西蒙諾、布列德．巴斯、艾力克斯．科克勒、博約．比略特、香特爾．柯瑪黛爾、傑夫．赫伯、喬．哈維與查克．佩洛汀（Chuck

Perrodin）都是帶我理解密西西比河沿岸複雜生活樣態的優秀嚮導。

那些為美國沙漠魚種的生存而努力的人們，值得特別感謝。感謝凱文·威爾森、珍妮·關姆、奧林·佛包爾、安布爾·喬杜茵、傑夫·高斯坦與布蘭登·聖格帶我去魔鬼洞計算魔鱂。也謝謝凱文·瓜達陸佩帶我去看內華達州的鱂魚，若沒有他，我在那可能找不到任何東西，並要謝謝蘇珊·索瑞爾斯非常努力要讓休休尼鱂活下來。我也非常感激凱文·布朗（Kevin Brown）與我分享他的魔鬼洞歷史報告。

露絲·蓋茲逝世時，這本書寫到一半。我非常慶幸有機會跟她一起在椰子島上共度時光，也很慶幸在我剛開始構思這個計畫時，能有她的協助。我也無比感激瑪德琳·范·歐朋，以及我在澳洲遇到的其他致力於海洋研究的科學家，包含凱特·昆格里、大衛·瓦臣費爾、安妮·藍（Annie Lamb）、派翠克·布格（Patrick Buerger）與陳文（Wing Chan，音譯）。也謝謝保羅·哈迪斯提與瑪蓮·羅曼（Marie Roman）。

當我去吉朗拜訪馬克·提薩與凱特琳·庫柏時，他們對我非常慷慨。保羅·湯瑪斯在我去阿得雷德市拜訪他時，也對我一樣慷慨。基因工程是非常複雜的議題，我要感謝三位受訪者如此有耐心向我解釋他們的工作。林·施華寇好心帶我去找蟾蜍。謝謝GBIRd的魯登·薩哈（Royden Saah），也非常謝謝威廉斯學院的盧安娜·瑪洛哈

（Luana Maroja）協助我理解有關驅動基因的微妙之處。

儘管受到COVID疫情的限制，我很幸運能造訪赫利舍迪發電廠與艾達．雅拉朵提爾。要謝謝她以及歐拉夫．巴德爾斯多蒂爾（Ólöf Baldursdóttir）讓這一切成真。我到亞歷桑那大學拜訪克勞斯．拉克納時，他是位很棒的主人。在我造訪蘇黎世時，簡．沃茲巴赫、路易絲．查爾斯與保羅．路瑟很大方地花時間接待我。感謝奧立佛．吉登（Oliver Geden）、澤克．豪斯法德（Zeke Hausfather）與馬格努斯．伯恩哈德森（Magnús Bernhardsson）。

就在哈佛校園因COVID疫情封校的前幾天，我去了一趟，找到法蘭克．寇奇、大衛．凱斯與丹．施拉格與我交談。我想謝謝他們花時間帶我理解太陽能地球工程各種複雜的技術與倫理問題。謝謝艾莉森．麥克法蘭用很真實的面貌，進入了本書中字裡行間，也要謝謝麗茲．博爾斯（Lizzie Burns）、戴珍（Zhen Dai，音譯）、大衛．金爵士、安迪．帕克、格諾特．華格納、楊諾斯．帕斯托（Janos Pasztor）以及辛西亞．莎芙（Cynthia Scharf）。

這本書的緣起要很間接歸因於我在「北格陵蘭冰核計畫」還存在當時的一次造訪。謝謝J. P.史蒂芬森、多爾泰．道爾–詹森（Dorthe Dahl-Jensen）、理查．艾利，以及許多正努力理解格陵蘭冰層過去與未來的勇敢冰河學家。也謝謝我最喜歡的氣候科學家：尼德・克萊納（Ned Kleiner），他讀了關鍵章節並提供評論。也謝謝亞倫・克萊納（Aaron Kleiner）與馬修・克萊納（Matthew Kleiner）提供我重要的最終階段建議。

我要謝謝艾爾弗・P.史隆基金會（Alfred P. Sloan Foundation）的慷慨協助。多虧基金會補助支持為本書所做的研究與我的旅費，我才得以去到原先可能無法前往的地方完成報導。二〇一九年，我在洛克斐勒基金會（Rockefeller Foundation）的貝拉焦中心（Bellagio Center）花了數個月進行這項計畫。那邊的環境很棒，他們的陪伴也很鼓舞人心。本書的部分內容是我還在威廉斯學院的環境研究中心當訪問學者時寫的。在此也向環境研究中心的學生與職員致上謝意。要特別謝謝華登・佛特（Walton Ford），他筆下的大海雀在最灰暗的時刻提供我靈感。

許多人在很緊迫的時間裡，把我提交的手稿變成一本書。衷心感謝卡洛琳・瑞伊（Caroline Wray）、西蒙・蘇利文（Simon Sullivan）、伊凡・坎費爾德（Evan Camfield）、凱西・羅德（Kathy Lord）、詹妮絲・亞克曼（Janice Ackerman）、艾莉西亞・鄭（Alicia Cheng）、莎拉・格菲特（Sarah Gephart）、伊恩・克萊赫（Ian Keliher），以及MGMT設計團隊。我要感謝茱莉・塔特（Julie Tate）協助針對其中幾章內容做事實查核，也要謝謝《紐約客》的事實查核團隊。餘下的內容疏漏都要歸咎於我。

本書的部分內容曾先見刊於《紐約客》上。我由衷感謝大衛・瑞姆尼克（David Remnick）、朵西・威肯登（Dorothy Wickenden）、約翰・柏奈特（John Bennet）以及亨利・范德（Henry Finder）在這些年提供的忠告與協助。

儘管過程中有許多複雜狀況得處理，但吉蓮・布萊克（Gillian Blake）對這本書的計畫從未失去信心。對於她的鼓勵、她的編輯建議，與她優異的判斷力，我感激不盡。凱西・羅賓斯（Kathy Robbins）一如既往是個益友。身為一名作家，世界上已經找不到比她還有眼光的讀者、比她還堅定的支持者了。

最後，我要感謝我先生約翰・克萊納（John Kleiner）。借用達爾文的說法，這本書有一半來自於他的大腦，而我不確定要如何「不用那麼多的字」充分表達我的感謝。如果沒有他的洞察力、他的熱情，以及他再讀一次草稿的意願，這本書連一頁都寫不出來。

註解

Part 1 順流而下

1

10 「最冷酷也最令人畏懼的讀物」：Mark Twain, *Life on the Mississippi,* reprint ed. (New York: Penguin Putnam, 2001), 54.

10 「溯流而上」： Joseph Conrad, *Heart of Darkness and The Secret Sharer,* reprint ed. (New York: Signet Classics, 1950), 102.

13 芝加哥的冰： *The New York Times* (Jan. 14, 1900), 14.

13 「芝加哥大地搬運學派」：Libby Hill, *The Chicago River: A Natural and Unnatural History* (Chicago: Lake Claremont Press, 2000), 127.

13 十五公尺高、面積約為二・六平方公里的島嶼：Cited in Hill, *The Chicago River,* 133.

14 地球上超過一半未結凍的土地：Roger LeB. Hooke and José F. Martín-Duque, "Land Transformation by Humans: A Review," *GSA Today,* 22 (2012), 4– 10.

15 就連在德梅因市：Katy Bergen, "Oklahoma Earthquake Felt in Kansas City, and as Far as Des Moines and Dallas," *The Kansas City Star* (Sept. 3, 2016), kansascity.com/news/local/ article99785512.html.

15 「人類與家畜的重量加總」：Yinon M. Bar-On, Rob Phillips, and Ron Milo, "The Biomass Distribution on Earth," *Proceedings of the National Academy of Sciences,* 115 (2018), 6506– 6511.

16 掩蓋該計畫的真正目的："Historical Vignette 113 — Hide the Development of the Atomic Bomb," U.S. Army Corps of Engineers Headquarters, usace. army.mil/About/ History/Historical- Vignettes/Military- Construction-

Combat/ 113- Atomic- Bomb/.

19 工兵部隊考慮過數十種：P. Moy, C. B. Shea, J. M. Dettmers, and I. Polls, "Chicago Sanitary and Ship Canal Aquatic Nuisance Species Dispersal Barriers," report available for download at: glpf.org/funded- projects/ aquatic- nuisance- species - dispersal- barrier- for-the- chicago- sanitary- and-ship- canal/.

21 「毀了我們的生活方式」：Quoted in Thomas Just, "The Political and Economic Implications of the Asian Carp Invasion," *Pepperdine Policy Review,* 4 (2011), digitalcommons.pepperdine.edu/ppr/ vol4/iss1/3.

22 「人類史上首次載於文獻中的多元物種養殖案例」：Patrick M. Ko ovský, Duane C. Chapman, and Song Qian, " 'Asian Carp' Is Societally and Scientifically Problematic. Let's Replace It," *Fisheries,* 43 (2018), 311– 316.

23 光是二〇一五年就獲得五百億磅：Figures from the *China Fisheries Yearbook 2016,* cited in Louis Harkell, "China Claims 69m Tons of Fish Produced in 2016," *Undercurrent News (*Jan. 19, 2017), undercurrentnews. com/2017/01/19/ministry- of - agriculture- china- produced-69 m- tons-of- fish- in- 2016/.

23 原本暫定書名為：The Control of Nature: William Souder, *On a Farther Shore: The Life and Legacy of Rachel Carson* (New York: Crown, 2012), 280.

23 「『控制自然』是心態傲慢者想出來的短語」：Rachel Carson, *Silent Spring,* 40th anniversary ed. (New York: Mariner, 2002), 297.

24 首次將亞洲鯉魚運至美國的時間點：Andrew Mitchell and Anita M. Kelly, "The Public Sector Role in the Establishment of Grass Carp in the United States," *Fisheries,* 31 (2006), 113– 121.

24 阿肯色洲的狩獵與釣魚委員會找到了：Anita M. Kelly, Carole R. Engle, Michael L. Armstrong, Mike Freeze, and Andrew J. Mitchell, "History of Introductions and Governmental Involvement in Promoting the Use of Grass, Silver, and Bighead Carps," in *Invasive Asian Carps in North America,* Duane C. Chapman and Michael H. Hoff, eds. (Bethesda, Md.:

American Fisheries Society, 2011), 163–174.

27 「魚在哭泣時，有誰聽得見？」：Henry David Thoreau, *A Week on the Concord and Merrimack Rivers,* reprint ed. (New York: Penguin, 1998), 31.

27 鱅魚的重量有時可能上看四五．四公斤：Duane C. Chapman, "Facts About Invasive Bighead and Silver Carps," publication of the United States Geological Survey, available at: pubs.usgs.gov/fs/2010/3033/pdf/FS2010-3033 .pdf.

28 「鱅魚與鰱魚不僅僅侵入各個生態系統」：Dan Egan, *The Death and Life of the Great Lakes* (New York: Norton, 2017), 156.

28 在某些流域中，占比甚至更高：Dan Chapman, *A War in the Water,* U.S. Fish and Wildlife Service, southeast region (March 19, 2018), fws.gov/ southeast/articles/ a-war- in- the- water/.

31 二四五〇〇公斤重的死魚：Egan, *The Death and Life of the Great Lakes,* 177.

31 「可能會是最大的威脅」：Cited in Tom Henry, "Congressmen Urge Aggressive Action to Block Asian Carp," *The Blade* (Dec. 21, 2009), toledoblade.com/ local/2009/12/21/Congressmen- urge- aggressive- action- to - block-Asian-carp/stories/200912210014.

31 密西根州提出訴訟："Lawsuit Against the U.S. Army Corps of Engineers and the Chicago Water District," Department of the Michigan Attorney General, michigan.gov/ag/0,4534,7-359 - 82915_82919_82129_82135-447414- - ,00.html.

31 根據工兵部隊的評估：The Great Lakes and Mississippi River Interbasin Study, or GLMRIS report, is available at: glmris.anl.gov/glmris- report/.

32 在五大湖區：A list of the (at last count) 187 invasive species established in the Great Lakes is provided by NOAA at: glerl.noaa.gov/glansis/ GLANSISposter.pdf.

33 我也讀到有位女士：Phil Luciano, "Asian Carp More Than a Slap in the Face," *Peoria Journal Star* (Oct. 21, 2003), pjstar.com/ article/20031021/ NEWS/310219999.

38 《中國日報》刊登了一篇文章： Doug Fangyu, "Asian Carp: Americans'

Poison, Chinese People's Delicacy," *China Daily USA* (Oct. 13, 2014), http://usa.chinadaily.com.cn/epaper/2014 -10 /13/content_18730596.htm.

2

44 正式廢除三十一個普拉克明的地名：Amy Wold, "Washed Away: Locations in Plaquemines Parish Disappear from Latest NOAA Charts," *The Advocate* (Apr. 29, 2013), theadvocate.com/baton_rouge/news/article_f60d4d55- e26b - 52c0-b9bb- bed2ae0b348c.html.

44 「我們駕馭、拉直、規訓、束縛它。」：Cited in John McPhee, *The Control of Nature* (New York: Noonday, 1990), 26.

45 四億噸的沉積物：Liviu Giosan and Angelina M. Freeman, "How Deltas Work: A Brief Look at the Mississippi River Delta in a Global Context," in *Perspectives on the Restoration of the Mississippi Delta,* John W. Day, G. Paul Kemp, Angelina M. Freeman, and David P. Muth, eds. (Dordrecht, Netherlands: Springer, 2014), 30.

48 來自貝歐古拉（Bayogoula）的嚮導：Christopher Morris, *The Big Muddy: An Environmental History of the Mississippi and Its Peoples from Hernando de Soto to Hurricane Katrina* (Oxford: Oxford University Press, 2012), 42.

48 涉過「深度及膝」的水： Cited in Morris, *The Big Muddy,* 45.

48 「我不明白要如何在這條河上安置移民者」：Cited in Morris, *The Big Muddy,* 45.

48 「水淹了十五公分那麼深」:Cited in Lawrence N. Powell, *The Accidental City: Improvising New Orleans* (Cambridge, Mass.: Harvard University Press, 2012), 49.

49 由奴隸搭建的堤防：Morris, *The Big Muddy,* 61.

49 堤防的長度已超過二四〇公里：John M. Barry, *Rising Tide: The Great Mississippi Flood of 1927 and How It Changed America* (New York: Touchstone, 1997), 40.

59 在一七三五年，從決口湧入的洪水：Donald W. Davis, "Historical Perspective

on Crevasses, Levees, and the Mississippi River," in *Transforming New Orleans and Its Environs,* Craig E. Colten, ed. (Pittsburgh: University of Pittsburgh, 2000), 87.

60 「這裡是一片水域」:Cited in Richard Campanella, "Long before Hurricane Katrina, There Was Sauve's Crevasse, One of the Worst Floods in New Orleans History," *nola.com* (June 11, 2014), nola.com/entertainment_life/home_garden/article _ea927b6b-d1ab- 5462- 9756-ccb1acdf092e.html.

60 一八五八年，路易斯安那州的堤防:For a full account of crevasses, 1773–1927, see Davis, "Historical Perspectives on Crevasses, Levees, and the Mississippi River," 95.

60 產生了兩百二十六個決口：Davis, "Historical Perspectives on Crevasses, Levees, and the Mississippi River," 100.

60 估計造成五億美元的損失：對於一九二七年大洪水的損傷估計差異很大；有些估計甚至高達十億美元，約等於現在的一百五十億美元。

61 最重要的一項水文立法:Cited in Christine A. Klein and Sandra B. Zellmer, *Mississippi River Tragedies: A Century of Unnatural Disaster* (New York: New York University, 2014), 76.

61 在四年內增加了：D. O. Elliott, *The Improvement of the Lower Mississippi River for Flood Control and Navigation: Vol. 2* (St. Louis: Mississippi River Commission, 1932), 172.

61 堤防的高度平均增加了〇．九公尺：Elliott, *The Improvement of the Lower Mississippi River: Vol. 2,* 326.

61 有一首稱頌美國陸軍工兵部隊功勞的詩：The excerpt comes from Michael C. Robinson, *The Mississippi River Commission: An American Epic* (Vicksburg, Miss.: Mississippi River Commission, 1989).

62 「成功控制密西西比河；土地會流失」：Davis, "Historical Perspectives on Crevasses, Levees, and the Mississippi River," 85.

63 但 CPRA 仍不顧反對：John Snell, "State Takes Soil Samples at Site of Largest Coastal Restoration Project, Despite Plaquemines Parish Opposition," *Fox8live* (last updated Aug. 23, 2018), fox8live.com/story/38615453/state- takes- soil - samples- at-site- of-largest- coastal-

restoration- project- despite - plaquemines- parish-opposition/.

66 每十年就下沉將近十五公分：Cathleen E. Jones et al., "Anthropogenic and Geologic Influences on Subsidence in the Vicinity of New Orleans, Louisiana," *Journal of Geophysical Research: Solid Earth,* 121 (2016), 3867–3887.

66 「紐奧良的排水問題非常嚴重」：Thomas Ewing Dabney, "New Orleans Builds Own Underground River," *New Orleans Item* (May 2, 1920), 1.

69 「不用重建沉在水中的紐奧良」：Jack Shafer, "Don't Refloat: The Case against Rebuilding the Sunken City of New Orleans," *Slate* (Sept. 7, 2005), slate .com/news- and- politics/2005/09/the-case- against- rebuilding the-sunken-city- of-new- orleans.html.

69 「是時候面對地理環境的現實」：Klaus Jacob, "Time for a Tough Question: Why Rebuild?" *The Washington Post* (Sept. 6, 2005).

69 由紐奧良市長所任命的顧問小組：Reports of the Bring New Orleans Back Commission, appointed by Mayor Ray Nagin, are archived at: columbia.edu/itc/journalism/ cases/katrina/city_of_new_orleans_bnobc.html.

70 每秒能夠輸出三四〇立方公尺的水：Mark Schleifstein, "Price of Now- Completed Pump Stations at New Orleans Outfall Canals Rises by $33.2 Million," *New Orleans Times- Picayune* (last updated July 12, 2019), nola.com/news/environment/ article_7734dae6-c1c9- 559b- 8b94-7a9cef8bb6d8.html.

70 離墨西哥灣近了大約三二公里：Klein and Zellmer, *Mississippi River Tragedies,* 144.

70 颶風每在陸地上多移動四・八公里：多少片的溼地足夠作為颶風洪水的緩衝，是很具爭議的議題。這裡的預測是引述自克萊納與澤爾莫的《密西西比河悲劇》（*Mississippi River Tragedies*）中第一四一頁。

72 兒女依序與三個在地部落的人婚配：關於尚查爾斯島所屬比洛希－奇蒂瑪洽－丘克陶部落的歷史，以及最新的安置計畫，可以在isledejeancharles.com 找到。

74 這個十億美元預算的工程：莫干札到墨西哥灣的工程所需經費持續變

動。這裡的數據來自一九九〇年代末期，當時工兵部隊決定不把尚查爾斯島納入堤防內。

77 「工兵部隊能讓密西西比河往他們指定的方向流」：McPhee, *The Control of Nature,* 50.

78 「現在這個詞在我心中」：McPhee, *The Control of Nature,* 69.

Part 2 進入荒原

1

82 現在的內華達州西部斯特靈山：在曼力的時代，這座山尚未被正式命名；他的位置是由理查 E 萊格斐特（Richard E. Lingenfelter）在《死亡峽谷與阿瑪戈薩：幻影之地（Death Valley & the Amargosa: A Land of Illusion）》的第 42 頁中所推估出來的。(Berkeley: University of California, 1986)

82 「豐富的麵包與豆子」：William L. Manly, *Death Valley in '49: The Autobiography of a Pioneer,* reprint ed. (Santa Barbara, Calif.: The Narrative Press, 2001), 105.

83 多數人就走了回頭路：Lingenfelter, *Death Valley & the Amargosa,* 34– 35.

83 「就跟大人腐爛沒兩樣」：Manly, *Death Valley in '49,* 106.

83 朋友要他閉嘴：Manly, *Death Valley in '49,* 99.

84 「造物主的垃圾場」：The account of this exchange comes from Manly, *Death Valley in '49,* 113.

84 「很享受泡了這讓人渾身舒暢的澡」：Cited in James E. Deacon and Cynthia Deacon Williams, "Ash Meadows and the Legacy of the Devils Hole Pupfish, in *Battle Against Extinction: Native Fish Management in the American West,* W. L. Minckley and James E. Deacon, eds. (Tucson: University of Arizona Press, 1991), 69.

84 「都不超過〇・三公分」：Manly, *Death Valley in '49,* 107.

85 「美麗的謎題」：Christopher J. Norment, *Relicts of a Beautiful Sea: Survival, Extinction, and Conservation in a Desert World* (Chapel Hill:

University of North Carolina, 2014), 110.

85 有幾個斷斷續續的畫面：監視器畫面隨一篇文章一起刊出；Veronica Rocha, "3 Men Face Felony Charges in Killing of Endangered Pupfish in Death Valley," *Los Angeles Times* (May 13, 2016), latimes.com/local/lanow/la-me- ln - pupfish- charges- 20160513- snap- story.html.

87 有個大肚腩且性格嚴厲：Paige Blankenbuehler, "How a Tiny Endangered Species Put a Man in Prison," *High Country News* (Apr. 15, 2019).

92 總重約為一〇〇公克：This calculation is based on figures from Norment, *Relicts of a Beautiful Sea,* 120.

92 「可以發射散彈，也能單發射擊」：Manly, *Death Valley in '49,* 13.

92 「饕客的最佳美食」：Manly, *Death Valley in '49,* 64.

93 「這難道不是我熟悉的那個既殘破又不完美的自然」：Henry David Thoreau, *Thoreau's Journals, Vol. 20* (entry from March 23, 1856), transcript available at: http://thoreau.library.ucsb.edu/writings _journals20.html.

93 「時間點為一八八二年」：Joel Greenberg, *A Feathered River Across the Sky: The Passenger Pigeon's Flight to Extinction* (New York: Bloomsbury, 2014), 152– 155.

93 「那就跟計算並預測一座森林」：William T. Hornaday, *The Extermination of the American Bison with a Sketch of Its Discovery and Life History* (Washington, D.C.: Government Printing Office, 1889), 387.

93 「連一根骨頭都不剩」：Hornaday, *The Extermina-tion of the American Bison,* 525.

94 「一個物種哀悼另一個物種的死亡」：Aldo Leopold, *A Sand County Almanac,* reprint ed. (New York: Ballantine, 1970), 117.

94 現代的物種滅絕率：Anthony D. Barnosky et al., "Has the Earth's Sixth Mass Extinction Already Arrived?" *Nature,* 471 (2011) 51– 57.

94 「數量驟減的常見鳥類」清單：這份由美國北美鳥類保育計畫整理的清單，可以在 allaboutbirds.org/news/state-of- the- birds- 2014-common -birds- in- steep- decline-list/ 找到。

94 就連長年來被視為能抵抗滅絕的昆蟲：Caspar A. Hallmann et al., "More

than 75 Percent Decline over 27 Years in Total Flying Insect Biomass in Protected Areas," *PLoS ONE,* 12 (2017), journals.plos.org/ plosone/article ?id=10.1371/journal.pone.0185809.

98 留下或多少的永久痕跡：C. N. Waters et al., "Global Boundary Stratotype Section and Point (GSSP) for the Anthropocene Series: Where and How to Look for Potential Candidates," *Earth- Science Reviews,* 178 (2018), 379–429.

98 「獨特沙漠魚種」：Proclamation 2961, 17 Fed. Reg. 691 (Jan. 23, 1952).

98 那年春天，美國國防部：For a full list of nuclear tests by date, see U.S. Department of Energy, National Nuclear Safety Administration Nevada Field Office, *United States Nuclear Tests: July 1945 through September 1992* (Alexandria, Va.: U.S. Department of Commerce, 2015), nnss.gov/ docs/docs _LibraryPublications/DOE_NV-209 _Rev16.pdf.

98 他的計畫是從零建設：This plan is described in Kevin C. Brown, *Recovering the Devils Hole Pupfish: An Environmental History* (National Park Service, 2017), 315. An electronic copy of the history was generously provided by the author.

99 到了一九七〇年底：Brown, *Recovering the Devils Hole Pupfish,* 142.

99 國家公園管理處還架設：Brown, *Recovering the Devils Hole Pupfish,* 145.

100 西邊的鹹水谷：Brown, *Recovering the Devils Hole Pupfish,* 139.

100 反方的貼紙：Brown, *Recovering the Devils Hole Pupfish,* 303.

101 「水、水、水」：Edward Abbey, *Desert Solitaire: A Season in the Wilderness,* reprint ed. (New York: Touchstone, 1990), 126.

103 「所有的生物都是親戚」：Abbey, *Desert Solitaire,* 21.

103 「看著一小群魔鱂」：Norment, *Relicts of a Beautiful Sea,* 3–4.

105 「不與人來往的與人共居生物」：Stanley D. Gehrt, Justin L. Brown, and Chris Anchor, "Is the Urban Coyote a Mis anthropic Synanthrope: The Case from Chicago," *Cities and the Environment,* 4 (2011), digitalcommons.lmu. edu/cate/vol4/ iss1/3/.

105 「可能滅絕」：For the latest on the IUCN's list of "possibly extinct" animals, see: iucnredlist.org/ statistics.

106 「仰賴保育」：J. Michael Scott et al., "Recovery of Imperiled Species under the Endangered Species Act: The Need for a New Approach, *Frontiers in Ecology and the Environment,* 3 (2005), 383– 389.

108 「古法施於古人」：Henry David Thoreau, *Walden,* reprint ed. (Oxford: Oxford University, 1997), 10.

108 「美國西部的每條大河」：Mary Austin, *The Land of Little Rain,* reprint ed. (Mineola, N.Y.: Dover, 2015), 61.

108 有些生物存活得夠久：Robert R. Miller, James D. Williams, and Jack E. Williams, "Extinctions of North American Fishes During the Past Century," *Fisheries,* 14 (1989), 22– 38.

109 「我記得很清楚」：Edwin Philip Pister, "Species in a Bucket," *Natural History* (January 1993), 18.

111 「他設法救出了三十二條魚」：C. Moon Reed, "Only You Can Save the Pahrump Poolfish," *Las Vegas Weekly* (March 9, 2017), lasvegasweekly.com/news/2017/mar/09/pahrump-poolfish - lake- harriet- spring-mountain/.

112 「人們創造自己的生物圈」：J. R. McNeill, *Something New Under the Sun: An Environmental History of the Twentieth- Century World* (New York: Norton, 2000), 194.

2

115 加勒比海的珊瑚礁數量約少了一半：Richard B. Aronson and William F. Precht, "White-Band Disease and the Changing Face of Caribbean Coral Reefs," *Hydrobiologia,* 460 (2001), 25–38.

115 一九九八年，水溫上升：Alexandra Witze, "Corals Worldwide Hit by Bleaching, " *Nature* (Oct. 8, 2015), nature.com/news/corals- worldwide-hit- by- bleaching- 1.18527.

115 「停止生長並開始分解」：Jacob Silverman et al., "Coral Reefs May Start Dissolving When Atmospheric CO_2 Doubles," *Geophysical Research Letters,* 36 (2009), agupubs.online library.wiley.com/doi/

full/10.1029/2008GL036282.

116 「遭到快速侵蝕的碎石礁岸」：O. Hoegh-Guldberg et al., "Coral Reefs Under Rapid Climate Change and Ocean Acidification," *Science,* 318 (2007), 1737– 1742.

120 「形成環狀的奇特珊瑚礁」：Charles Darwin, *The Voyage of the Beagle* (New York: P. F. Collier, 1909), 406.

120 「是由無數個小建築師建成的」：Darwin, *Charles Darwin's Beagle Diary,* Richard Darwin Keynes, ed. (Cambridge: Cambridge University, 1988), 418.

120 「三十五頁潦草難懂的文字」：Janet Browne, *Charles Darwin: Voyaging* (New York: Knopf, 1995), 437.

121 「我們看不出來這種緩慢變化的過程」：Darwin, *On the Origin of Species: A Facsimile of the First Edition* (Cambridge, Mass.: Harvard University, 1964), 84.

121 「月桂樹友善而憐憫的樹蔭下」：From an "Epitaph for a Favourite Tumbler Who Died Aged Twelve," signed Columba, full poem available at: darwinspigeons.com/#/ victorian- pigeon-poems/4535732923.

122 「嚴重反胃」：Darwin wrote this in a letter to his friend Thomas Eyton, cited in Browne, *Charles Darwin,* 525.

122 「我飼養了每一種」：Darwin, *On the Origin of Species,* 20–21.

122 「如果渺小的人類」：Darwin, *On the Origin of Species,* 109.

122 「自然的終結」：Bill McKibben, *The End of Nature* (New York: Random House, 1989).

124 「大堡礁的珊瑚有超過九成受到影響」：這個數據出處為我在模擬水族館訪問的研究科學家尼爾．凱廷（Neal Cantin）。15, 2019).

124 一半的珊瑚死亡：Robinson Meyer, "Since 2016, Half of All Coral in the Great Barrier Reef Has Died," *The Atlantic* (Apr. 18, 2018), theatlantic. com/science/archive/2018/04/since - 2016- half- the- coral- in- the- great-barrier- reef- has- perished/558 302/.

124 「災難級」的破壞：Terry P. Hughes et al., "Global Warming Transforms

Coral Reef Assemblages," *Nature,* 556 (2018), 492– 496.

130 在一片健康的珊瑚礁中：Mark D. Spalding, Corinna Ravilious, and Edmund P. Green, *World Atlas of Coral Reefs* (Berkeley: University of California, 2001), 27.

130 研究人員曾仔細檢視過某片珊瑚：Spalding et al., *World Atlas of Coral Reefs,* 27.

130 研究人員透過基因定序：Laetitia Plaisance et al., "The Diversity of Coral Reefs: What Are We Missing?" *PLoS ONE,* 6 (2011), journals.plos.org/plosone/article?id=10.1371/ journal.pone.0025026.

131 有一百萬到九百萬個物種：Nancy Knowlton, "The Future of Coral Reefs, " *Proceedings of the National Academy of Sciences,* 98 (2001), 5419–5425.

131 「在珊瑚城市中，沒有所謂的廢物」：Richard C. Murphy, *Coral Reefs: Cities under the Sea* (Princeton, N.J.: The Darwin Press, 2002), 33.

132 「黏糊糊的一片」：Roger Bradbury, "A World Without Coral Reefs," *The New York Times* (July 13, 2012), A17.

132 珊瑚的長期前景：Great Barrier Reef Marine Park Authority, *Great Barrier Reef Outlook Report 2019* (Townsville, Aus.: GBRMPA, 2019), vi. The full report is available at: http://elibrary.gbrmpa.gov.au/jspui/handle/11017/3474/.

132 大型煤礦坑興建計畫："Adani Gets Final Environmental Approval for Carmichael Mine," *Australian Broadcasting Corporation News* (last updated June 13, 2019), abc.net.au/news/2019-06-13/adani- carmichael-coal- mine- approved- water - management- galilee/11203208.

133 「世界上最瘋狂的能源工程」：Jeff Goodell, "The World's Most Insane Energy Project Moves Ahead," *Rolling Stone* (June 14, 2019), rollingstone.com/politics/politics-news/ adani-mine- australia-climate- change- 848315/.

136 「樹木交錯的河岸邊」：Darwin, *On the Origin of Species,* 489.

3

141 自稱為「基因設計師」：Josiah Zayner, "How to Genetically Engineer a Human in Your Garage— Part I," josiah zayner.com/2017/01/genetic-

designer- part- i.html.

143 「任意改寫生命體中每個分子」：Jennifer A. Doudna and Samuel H. Sternberg, *A Crack in Creation: Gene Editing and the Unthinkable Power to Control Evolution* (Boston: Houghton Mifflin Harcourt, 2017), 119.

143 聞不到味道的螞蟻：Waring Trible et al, "*orco* Mutagenesis Causes Loss of Antennal Lobe Glomeruli and Impaired Social Behavior in Ants," *Cell,* 170 (2017), 727– 735.

143 有睡眠障礙的獼猴：Peiyuan Qiu et al., "BMAL1 Knockout Macaque Monkeys Display Reduced Sleep and Psychiatric Disorders," *National Science Review,* 6 (2019), 87– 100.

143 埃德沃德．邁布里奇著名的動態賽馬照片：Seth L. Shipman et al., "CRISPR-Cas Encoding of a Digital Movie into the Genomes of a Population of Living Bacteria," *Nature,* 547 (2017), 345– 349.

144 澳洲動物健康實驗室：在我拜訪的幾個月後，澳洲動物健康實驗室改名為澳洲疾病預防中心（Australian Centre for Disease Preparedness）。

147 「巨大、長著疣的蟾蜍科生物」：U.S. Fish and Wildlife Service, "Cane Toad (*Rhinella marina*) Ecological Risk Screening Summary," web version (revised Apr. 5, 2018), fws.gov/fisheries/ans/ erss/highrisk/ERSS- Rhinella-marina- final- April2018.pdf.

147 「坐在路邊的大型甘蔗蟾蜍」:L. A. Somma, "Rhinella marina (Linnaeus, 1758)," U.S. Geological Survey, *Nonindigenous Aquatic Species Database* (revised Apr. 11, 2019), nas.er .usgs.gov/queries/FactSheet. aspx?SpeciesID=48.

147 「一隻名為貝堤．戴維斯的蟾蜍」:Rick Shine, *Cane Toad Wars* (Oakland: University of California, 2018), 7.

148 有人在十九世紀中將其引進加勒比海：Byron S. Wilson et al., "Cane Toads a Threat to West Indian Wildlife: Mortality of Jamaican Boas Attributable to Toad Ingestion," *Biological Invasions,* 13 (2011), link. springer.com/article/ 10.1007/s10530- 010-9787- 7.

148 牠們產出超過一百五十萬顆卵：Shine, *Cane Toad Wars,* 21.

149 最前線的這些蟾蜍的腿：Benjamin L. Phillips et al., "Invasion and the

Evolution of Speed in Toads," *Nature,* 439 (2006), 803.

149 「這些入侵北領地的可惡甘蔗蟾蜍」：Karen Michelmore, "Super Toad," *Northern Territory News* (Feb. 16, 2006), 1.

150 數量銳減的物種清單：Shine, *Cane Toad Wars,* 4. 亦可參："The Biological Effects, Including Lethal Toxic Ingestion, Caused by Cane Toads (Bufo marinus): Advice to the Minister for the Environment and Heritage from the Threatened Species Scientific Committee (TSSC) on Amendments to the List of Key Threatening Processes under the Environment Protection and Biodiversity Conservation Act 1999 (EPBC Act)" (Apr. 12, 2005), environment.gov.au/biodiversity/ threatened/key-threatening- processes/ biological- effects- cane- toads.

151 澳洲政府應該為捕獵蟾蜍：House of Representatives Standing Committee on the Environment and Energy, *Cane Toads on the March: Inquiry into Controlling the Spread of Cane Toads* (Canberra: Commonwealth of Australia, 2019), 32

154 毒性提升一百倍：Robert Capon, "Inquiry into Controlling the Spread of Cane Toads, Submission 8" (Feb. 2019). Available for download at: aph.gov.au/Parliamen tary_Business/Committees/House/Environment_and_Energy/ Canetoads/Submissions.

155 蟾蜍「香腸」：Naomi Indigo et al., "Not Such Silly Sausages: Evidence Suggests Northern Quolls Exhibit Aversion to Toads after Training with Toad Sausages," *Austral Ecology,* 43 (2018), 592– 601.

157 干擾對手基因：Austin Burt and Robert Trivers, *Genes in Conflict: The Biology of Selfish Genetic Elements* (Cambridge, Mass.: Belknap, 2006), 4– 5.

157 機率超過九成：Burt and Trivers, *Genes in Conflict,* 3.

157 例如蚊子、粉扁蟲與旅鼠：Burt and Trivers, *Genes in Conflict,* 13– 14.

159 在酵母中創造出：James E. DiCarlo et al., "Safeguarding CRISPR- Cas9 Gene Drives in Yeast," *Nature Biotechnology,* 33 (2015), 1250– 1255.

159 在果蠅體內創造出：Valentino M. Gantz and Ethan Bier, "The Mutagenic Chain Reaction: A Method for Converting Heterozygous to Homozygous Mutations," *Science,* 348 (2015), 442– 444.

159 **直到黃色蒼蠅**：道娜與史騰納估計，如果帶有驅動基因的果蠅逃脫，牠們可能會把黃色基因擴散給世界上五分之一到一半的果蠅身上。*A Crack in Creation,* 151.

161 **「我們還有希望」**：GBIRd website, geneticbiocontrol.org.

162 **在幾年之內將小鼠數量**：Thomas A. A. Prowse, et al., "Dodging Silver Bullets: Good CRISPR Gene- Drive Design Is Critical for Eradicating Exotic Vertebrates," *Proceedings of the Royal Society B,* 284 (2017), royalsocietypublishing.org/doi/10.1098/ rspb.2017.0799.

163 **上千種島嶼鳥類滅絕**：Richard P. Duncan, Alison G. Boyer, and Tim M. Blackburn, "Magnitude and Variation of Prehistoric Bird Extinctions in the Pacific," *Proceedings of the National Academy of Sciences,* 110 (2013), 6436– 6441.

163 **費了很多工夫去拯救**：Elizabeth A. Bell, Brian D. Bell, and Don V. Merton, "The Legacy of Big South Cape: Rat Irruption to Rat Eradication," *New Zealand Journal of Ecology,* 40 (2016), 212– 218.

164 **「只有人類有同等的適應能力」**：Lee M. Silver, *Mouse Genetics: Concepts and Applications* (Oxford: Oxford University, 1995), adapted for the Web by Mouse Genome Informatics, The Jackson Laboratory (revised Jan. 2008), http://informatics.jax.org/ silver/.

164 **「就跟在鳥類創傷中心工作一樣」**：Alex Bond, "Mice Wreak Havoc for South Atlantic Seabirds," *British Ornithologists' Union,* bou.org.uk/blog-bond- gough- island-mice - seabirds/.

165 **「拿來與寇特·馮內果」**：Rowan Jacobsen, "Deleting a Species," *Pacific Standard* (June–July 2018, updated Sept. 7, 2018), psmag.com/ magazine/deleting- a- species- genet ically- engineering-an- extinction.

165 **例如「殺手救援」**：Jaye Sudweeks et al., "Locally Fixed Alleles: A Method to Localize Gene Drive to Island Populations," *Scientific Reports,* 9 (2019), doi.org/10.1038/s41598-019 - 51994- 0.

165 **稱為「CATCHA」序列的驅動基因**：Bing Wu, Liqun Luo, and Xiaojing J. Gao, "Cas9- Triggered Chain Ablation of *Cas9* as Gene Drive Brake," *Nature Biotechnology,* 34 (2016), 137– 138.

168 「透過遺傳救援」：Revive & Restore website, reviverestore.org/projects/.

169 「你知道牠是怎麼做嗎？」：Dr. Seuss, *The Cat in the Hat Comes Back* (New York: Beginner Books, 1958), 16.

170 「雪崩式滅絕」：Edward O. Wilson, *The Future of Life* (New York: Vintage, 2002), 53.

170 「我們跟神不一樣」：Wilson, *Half-Earth: Our Planet's Fight for Life* (New York: Liveright, 2016), 51.

170 「我們就神一樣」：Paul Kingsnorth, "Life Versus the Machine," *Orion* (Winter 2018), 28– 33.

Part 3 高空之上

1

177 「從自然轉到人類手上」：William F. Ruddiman, *Plows, Plagues, and Petroleum: How Humans Took Control of Climate* (Princeton, N.J.: Princeton University, 2005), 4.

177 一五〇〇萬噸的二氧化碳：Historical emissions data come from Hannah Ritchie and Max Roser, "CO2 and Greenhouse Gas Emissions," *Our World in Data* (last revised Aug. 2020), ourworldindata.org/CO2 -and- other-greenhouse- gas - emissions.

177 乾旱影響的範圍：Benjamin Cook, "Climate Change Is Already Making Droughts Worse," *CarbonBrief* (May 14, 2018), carbonbrief.org/guest-post- climate- change- is- already - making- droughts- worse.

177 風暴益發劇烈：Kieran T. Bhatia et al., "Recent Increases in Tropical Cyclone Intensification Rates," *Nature Communications,* 10 (2019), doi.org/10.1038/s41467-019- 08471- z.

177 野火季節拉得更長：W. Matt Jolly et al., "Climate- Induced Variations in Global Wildfire Danger from 1979 to 2013," *Nature Communications,* 6 (2015), doi.org/10.1038/ ncomms8537.

178 融冰量增加了三倍：A. Shepherd et al., "Mass Balance of the Antarctic Ice Sheet from 1992 to 2017," *Nature,* 558 (2018), 219– 222.

178 **幾十年後，多數的環礁：**Curt D. Storlazzi et al., "Most Atolls Will Be Uninhabitable by the Mid-21 st Century Because of Sea-Level Rise Exacerbating Wave- Driven Flooding," *Science Advances,* 25 (2018), advances.sciencemag.org/content/4/ 4/eaap9741.

178 **「控制全球氣溫的升幅」：**The full text of the Paris Agreement in English is available at: unfccc.int/files/essential_background/convention/application/pdf/english_paris_agreement.pdf.

178 **若要降到一・五度的話：**計算若要維持升溫在攝氏一・五度或兩度，我們還可以排放多少二氧化碳的方式有很多；我這邊使用的是墨卡托全球公域與氣候變遷研究中心（Mercator Research Institute on Global Commons and Climate Change）的「碳維持經費」的數據，可以在 mcc-berlin.net/en/research/CO_2 - budget.html 找到。

181 **比很多沙漠都還要小：**K. S. Lackner and C. H. Wendt, "Exponential Growth of Large Self- Reproducing Machine Systems," *Mathematical and Computer Modelling,* 21 (1995), 55– 81.

182 **「冒險投資」：**Wallace S. Broecker and Robert Kunzig, *Fixing Climate: What Past Climate Changes Reveal About the Current Threat— and How to Counter It* (New York: Hill and Wang, 2008), 205.

184 **「少上廁所而提供獎勵」：**Klaus S. Lackner and Christophe Jospe, "Climate Change Is a Waste Management Problem," *Issues in Science and Technology,* 33 (2017), issues.org/climate- change- is- a- waste-management -problem/.

184 **「這樣的道德立場」：**Lackner and Jospe, "Climate Change Is a Waste Management Problem."

185 **全球的二氧化碳排放：**Chris Mooney, Brady Dennis, and John Muyskens, "Global Emissions Plunged an Unprecedented 17 Percent during the Coronavirus Pandemic," *The Washington Post* (May 19, 2020), washingtonpost.com/climate - environment/2020/05/19/greenhouse-emissions-corona virus/?arc404=true.

185 **至於到底會持續多久：**單個碳分子會持續在大氣與海洋之間、以及這兩者與全球植被間循環。然而，大氣中二氧化碳的濃度，是由更為緩慢的過程所控制的。更完整的討論，可以參考道格・馬奇（Doug Mackie）的文章〈幾個世紀來，二氧化碳改變了我們的大氣。〉，「科學懷疑論（Skeptical Science）」(last updated July 5, 2015), skepticalscience.com/argument .php?p=1&t=77&&a=80.

186 **美國人口只占**：所有的總碳排放量數據，來自於漢娜 里奇（Hannah Ritchie）的〈全球二氧化碳排放量誰貢獻最多？〉*Our World in Data* (Oct. 1, 2019), ourworldindata.org/contributed- most- global- CO_2.

187 **其中的一百零一種**：Sabine Fuss et al., "Betting on Negative Emissions," *Nature Climate Change,* 4 (2014), 850– 852.

188 **都得仰賴負排放**：J. Rogelj et al., "Mitigation Pathways Compatible with 1.5° C in the Context of Sustainable Development," in *Global Warming of 1.5°C: An IPCC Special Report,* V. Masson-Delmotte et al., eds., Intergovernmen tal Panel on Climate Change (Oct. 8, 2018), ipcc.ch/site/assets/ uploads/sites/2/2019/02/SR15_Chapter2_Low_Res.pdf.

190 **五四四公斤的配額**：計算空中飛行的排放量很複雜，而且同一趟旅程，不同組織就有不同的預測數字。我是使用 myclimate.org 的航班碳排計算機。

191 **有一篇瑞士研究人員最新的研究**：Jean- Francois Bastin et al., "The Global Tree Restoration Potential," *Science,* 364 (2019), 76– 79.

191 **其他研究人員認為**：Katarina Zimmer, "Researchers Find Flaws in High-Profile Study on Trees and Climate," *The Scientist* (Oct. 17, 2019), the-scientist.com/news-opinion/ researchers- find-flaws- in- high- profile-study-on- trees- and - climate-- 66587. DOI: 10.1126/science.aay7976.

191 **新植林吸收碳的能力**：Joseph W. Veldman et al., "Comment on 'The Global Tree Restoration Potential,' " *Science,* 366 (2019), science. sciencemag.org/content/366/6463/eaay7976.

192 **將成樹砍倒**：Ning Zeng, "Carbon Sequestration Via Wood Burial," *Carbon Balance and Management,* 3 (2008), doi.org/10.1186/1750- 0680-3- 1.

192 **另一個計畫則只需要蒐集**：Stuart E. Strand and Gregory Benford, "Ocean Sequestration of Crop Residue Carbon: Recycling Fossil Fuel Carbon Back to Deep Sediments," *Environmental Science and Technology,* 43 (2009),

1000– 1007.

193 假設有一組一共十人：Zeng, "Carbon Sequestration Via Wood Burial."

193 德科學家一篇最新的研究：Jessica Strefler et al., "Potential and Costs of Carbon Dioxide Removal by Enhanced Weathering of Rocks," *Environmental Research Letters* (March 5, 2018), dx.doi.org/10.1088/1748-9326/aaa9c4.

193 「每邁出一大步」：Olúf mi O. Táíw , "Climate Colonialism and Large-Scale Land Acquisitions," *C2G* (Sept. 26, 2019), c2g2.net/climate-colonialism- and-large- scale - land- acquisitions/.

2

198 高達四十公里高：Clive Oppenheimer, *Eruptions that Shook the World* (New York: Cambridge University, 2011), 299.

198 一萬人瞬間喪生：Oppenheimer, *Eruptions that Shook the World,* 310.

199 「一團液體火焰」：The account of the Rajah of Sanggar is cited in Oppenheimer, *Eruptions that Shook the World,* 299.

199 「還是看不見手」：This account, from the captain of a ship owned by the East India Company, is cited in Gillen D'Arcy Wood, *Tambora: The Eruption that Changed the World* (Princeton, N.J.: Princeton University, 2014), 21.

199 超過一億噸的氣體：South Dakota State University, "Undocumented Volcano Contributed to Extremely Cold Decade from 1810–1819 ," *ScienceDaily* (Dec. 7, 2009), sci encedaily.com/releases/2009/12/091205105844.htm.

200 「幾乎不成人形」：Cited in Oppenheimer, *Eruptions that Shook the World,* 314.

200 抗議者舉著「麵包或流血」的標語：William K. Klinga man and Nicholas P. Klingaman, *The Year Without Summer: 1816 and the Volcano That Darkened the World and Changed History* (New York: St. Martin's, 2013), 46.

201 有人估計多達數百萬：Wood, *Tambora,* 233.

201 「大自然的真面目」：Cited in Klingaman and Klingaman, *The Year Without Summer,* 64.

201 在七月八日：Klingaman and Klingaman, *The Year Without Summer,* 104.

201 查斯特・德威：Cited in Oppenheimer, *Eruptions that Shook the World,* 312.

202 難以置信地危險：James Rodger Fleming, *Fixing the Sky: The Checkered History of Weather and Climate Control* (New York: Columbia University, 2010), 2.

202 通往地獄的康莊大道：This assessment comes from Tim Flannery, cited in Mark White, "The Crazy Climate Technofix," *SBS* (May 27, 2016), sbs.com.au/topics/science/earth/feature/ geoengineering- the- crazy- climate-technofix.

202 難以想像地劇烈：Holly Jean Buck, *After Geoengineering: Climate Tragedy, Repair, and Restoration* (London: Verso, 2019), 3.

202 以及——「無可避免」：Dave Levitan, "Geoengineering Is Inevitable," *Gizmodo* (Oct. 9, 2018), earther.gizmodo.com/ geoengineering- is-inevitable- 1829623031.

205 全球氣溫短暫下降："Global Effects of Mount Pinatubo," *NASA Earth Observatory* (June 15, 2001), earthobservatory.nasa.gov/images/1510/global- effects- of - mount- pinatubo.

205 熱帶地區的平流層：William B. Grant et al., "Aerosol- Associated Changes in Tropical Stratospheric Ozone Following the Eruption of Mount Pinatubo," *Journal of Geophysical Research,* 99 (1994), 8197–8211.

206 「人類在不知不覺中」：President's Science Advisory Committee, *Restoring the Quality of Our Environment: Report of the Environmental Pollution Panel* (Washington, D.C.: The White House, 1965), 126.

206 「每十年上升一・二公尺」：*Restoring the Quality of Our Environment,* 123.

207 「粗估約一百美元」：*Restoring the Quality of Our Environment,* 127.

207 在颶風眼壁附近的雲層：H. E. Willoughby et al., "Project STORMFURY: A Scientific Chronicle 1962– 1983," *Bulletin of the American*

Meteorological Society, 66 (1985), 505– 514.

207 兩千六百次的造雨任務：Fleming, *Fixing the Sky,* 180.

208 其他由政府出資的氣候改造計畫：National Research Council, *Weather & Climate Modification: Problems and Progress* (Washington, D.C.: The National Academies Press, 1973), 9.

208 「我們需要的是與寒冷對抗」：Cited in Fleming, *Fixing the Sky,* 202.

209 葛羅斯基相信：Nikolai Rusin and Liya Flit, *Man Versus Climate,* Dorian Rottenberg, trans. (Moscow: Peace Publishers, 1962), 61– 63.

209 「每一年，改變大自然的計畫」：Rusin and Flit, *Man Versus Climate,* 174.

209 輿論對於環境的顧慮：David W. Keith, "Geoengineering the Climate: History and Prospect," *Annual Review of Energy and the Environment,* 25 (2000), 245–284.

210 「火箭與不同類型的飛彈」：Mikhail Budyko, *Climatic Changes,* American Geophysical Union, trans. (Baltimore: Waverly, 1977), 241.

210 「我們必須進行氣候改造」：Budyko, *Climatic Changes,* 236.

210 「地球工程最重要的支持者」：Joe Nocera, "Chemo for the Planet," *The New York Times* (May 19, 2015), A25.

210 「我支持的是現實」：David Keith, Letter to the Editor, *The New York Times* (May 27, 2015), A22.

211 形容自己是「發明家」：David Keith, *A Case for Climate Engineering* (Cambridge, Mass.: MIT, 2013), xiii.

214 研發費用會高達二十五億美元：Wake Smith and Gernot Wagner, "Stratospheric Aerosol Injection Tactics and Costs in the First 15 Years of Deployment," *Environmental Research Letters,* 13 (2018), doi.org/10.1088/1748-9326 / aae98d.

214 三百倍的預算：It's been estimated that global fossil-fuel subsidies totaled $5.2 trillion in 2017; see: David Coady et al., "Global Fossil Fuel Subsidies Remain Large: An Update Based on Country- Level Estimates," *IMF* (May 2, 2019), imf.org/en/Publications/WP/Issues/2019/ 05/02/Global- Fossil-

Fuel- Subsidies- Remain- Large- An- Update - Based- on- Country- Level- Estimates- 46509.

214 有數十個國家：Smith and Wagner, "Stratospheric Aerosol Injection Tactics and Costs."

216 飛行的次數也會一起攀升：Smith and Wagner, "Stratospheric Aerosol Injection Tactics and Costs."

216 天空的樣貌也會隨之改變：Ben Kravitz, Douglas G. MacMartin, and Ken Caldeira, "Geoengineering: Whiter Skies?" *Geophysical Research Letters,* 39 (2012), doi.org/10.1029/2012GL051652.

217 超過二十幾個條目：Alan Robock, "Benefits and Risks of Stratospheric Solar Radiation Management for Climate Intervention (Geoengineering)," *The Bridge* (Spring 2020), 59– 67.

220 「諷刺的是」：Dan Schrag, "Geobiology of the Anthropocene," in *Fundamentals of Geobiology,* Andrew H. Knoll, Donald E. Canfield, and Kurt O. Konhauser, eds. (Oxford: Blackwell Publishing, 2012), 434.

3

223 「因而結合了機動性」：Cited in Erik D. Weiss, "Cold War Under the Ice: The Army's Bid for a Long-Range Nuclear Role, 1959– 1963," *Journal of Cold War Studies,* 3 (2001), 31– 58.

224 「世紀營是人類為征服環境」：*The Story of Camp Century: The City Under Ice* (U.S. Army film 1963, digitized version 2012).

224 兩名童子軍：Ronald E. Doel, Kristine C. Harper, and Matthias Heymann, "Exploring Greenland's Secrets: Science, Technology, Diplomacy, and Cold War Planning in Global Contexts," in *Exploring Greenland: Cold War Science and Technology on Ice,* Ronald E. Doel, Kristine C. Harper, and Matthias Heymann, eds. (New York: Palgrave, 2016), 16.

224 幾乎同一時間：Kristian H. Nielsen, Henry Nielsen, and Janet Martin-Nielsen, "City Under the Ice: The Closed World of Camp Century in Cold War Culture," *Science as Culture,* 23 (2014), 443–464.

224 地獄惡魔的年度聚會：Willi Dansgaard, *Frozen Annals: Greenland Ice*

Cap Research (Odder, Denmark: Narayana Press, 2004), 49.

225 一共超過千根：Jon Gertner, *The Ice at the End of the World: An Epic Journey Into Greenland's Buried Past and Our Perilous Future* (New York: Random House, 2019), 202.

230 有一座資料的「金礦」：Dansgaard, *Frozen Annals,* 55.

230 丹斯嘉對世紀營冰芯的粗略解讀：W. Dansgaard et al., "One Thousand Centuries of Climatic Record from Camp Century on the Greenland Ice Sheet," *Science,* 166 (1969), 377– 380.

232 「一個三歲小孩」：Richard B. Alley, *The Two-Mile Time Machine: Ice Cores, Abrupt Climate Change, and Our Future* (Princeton: Princeton University, 2000), 120.

232 波動十分顯著：Alley, *The Two-Mile Time Machine,* 114.

235 冰層的溫度：這些數據來自康拉德．史提芬（Konrad Steffen），在本書付梓時，他不幸在冰層上喪生。They are cited in: Gertner, "In Greenland's Melting Ice, A Warning on Hard Climate Choices," *e360* (June 27, 2019), e360.yale.edu/features/in- greenlands - melting- ice- a- warning-on- hard- climate- choices.

235 格陵蘭消失的冰多了七倍：A. Shepherd et al., "Mass Balance of the Greenland Ice Sheet from 1992 to 2018," *Nature,* 579 (2020), 233– 239.

235 異常溫暖的那幾天：Marco Tedesco and Xavier Fettweis, "Unprecedented Atmospheric Conditions (1948– 2019) Drive the 2019 Exceptional Melting Season over the Greenland Ice Sheet," *The Cryosphere,* 14 (2020), 1209–1223.

235 格陵蘭流出將近六〇〇〇億噸的水：Ingo Sasgen et al., "Return to Rapid Ice Loss in Greenland and Record Loss in 2019 Detected by GRACE-FO Satellites," *Communications Earth & Environment,* 1 (2020), doi.org/10.1038/s43247- 020 - 0010- 1.

235 「目前北極的暖化速度」：Eystein Jansen et al., "Past Perspectives on the Present Era of Abrupt Arctic Climate Change," *Nature Climate Change,* 10 (2020), 714– 721.

236 經費初步估計將超過一千億美元：Peter Dockrill, "U.S. Army Weighs

Up Proposal For Gigantic Sea Wall to Defend N.Y. from Future Floods," *ScienceAlert* (Jan. 20, 2020), science alert.com/storm- brewing- over-giant-6-mile- sea- wall- to - defend-new- york- from- future- floods.

236 「我們明白人類對干涉冰河這件事」: John C. Moore et al., "Geoengineer Polar Glaciers to Slow Sea- Level Rise," *Nature,* 555 (2018), 303– 305.

238 「在我們身處的世界」： Andy Parker is quoted in Brian Kahn, "No, We Shouldn't Just Block Out the Sun," *Gizmodo* (Apr. 24, 2020), earther. gizmodo.com/no-we- shouldnt- just- block- out-the -sun- 1843043812 . I have undeleted the expletive.

圖片出處

19 頁	MGMT. design
20 頁	MGMT. design
30 頁	MGMT. design
34 頁	© Ryan Hagerty, U.S. Fish and Wildlife Service
46 頁	MGMT. design
53 頁	© Drew Angerer/Getty Images
60 頁	The Historic New Orleans Collection, 1974.25.11.2
76 頁	© Danita Delimont/Alamy Stock Photo
89 頁	National Park Service Photo by Brett Seymour/Submerged Resources Center
91 頁	MGMT. design, adapted from Alan C. Riggs and James E. Deacon, "Connectivity in Desert Aquatic Ecosystems: The Devils Hole Story."
99／100 頁	Photos by Phil Pister, California Department of Fish and Wildlife and Desert Fishes Council, Bishop, CA.
121 頁	Originally published in Charles Darwin, *Animals and Plants Under Domestication*, vol. 1.
124 頁	MGMT. design
127 頁	Photo: © Wilfredo Licuanan, courtesy of Corals of the World, coralsoftheworld.org.
137 頁	© James Craggs, Horniman Museum and Gardens
148 頁	MGMT. design
150 頁	Photo: Arthur Mostead Photography, AMPhotography.com.au

152 頁	MGMT. design
158 頁	MGMT. design
176 頁	Courtesy of U.S. Department of Energy/Pacific Northwest National Laboratory
184 頁	MGMT. design, adapted from Zeke Hausfather, based on data from *Global Warming of 1.5°C: An IPCC Special Report*.
187 頁	MGMT. design, adapted from *Global Warming of 1.5°C: An IPCC Special Report*, figure 2.5.
194 頁	MGMT. design
199 頁	© Iwan Setiyawan/AP Photo/KOMPAS Images
203 頁	MGMT. design
208 頁	Courtesy of soviet-art.ru.
212 頁	MGMT. design, adapted from David Keith
226 頁	Photo by Pictorial Parade/Archive Photos/Getty Images
227 頁	Photo by US Army/Pictorial Parade/Archive Photos/Getty Images
229 頁	MGMT. design
232 頁	MGMT. design, adapted from Kurt M. Cuffey and Gary D. Clow, "Temperature, Accumulation, and Ice Sheet Elevation in Central Greenland Through the Last Deglacial Transition," *Journal of Geophysical Research* 102 (1997).

臉譜書房 FS0143

在大滅絕來臨前

人類能否逆轉自然浩劫？從水利、生態設計、環境科學、基因研究到地球工程，普立茲獎得主對人類為解決地球問題帶來更多課題的觀察與思索

Under a White Sky: The Nature of the Future

作　　者　伊麗莎白・寇伯特（Elizabeth Kolbert）
譯　　者　余韋達
編輯總監　劉麗真
責任編輯　許舒涵
行銷企畫　陳彩玉、陳紫晴、楊凱雯
封面設計　井十二設計研究室

發 行 人　凃玉雲
總 經 理　陳逸瑛
出　　版　臉譜出版
城邦文化事業股份有限公司
台北市民生東路二段141號5樓
電話：886-2-25007696 傳真：886-2-25001952
發　　行　英屬蓋曼群島商家庭傳媒股份有限公司城邦分公司
台北市中山區民生東路二段141號11樓
讀者服務專線：02-25007７一八；25007719
24小時傳真專線：02-25001990；25001991
服務時間：週一至週五09:30-12:00；13:30-17:00
劃撥帳號：19863813　戶名：書虫股份有限公司
讀者服務信箱：service@readingclub.com.tw
城邦網址：http://www.cite.com.tw
香港發行所　城邦（香港）出版集團有限公司
香港灣仔駱克道193號東超商業中心1樓
電話：852-25086231或25086217　傳真：852-25789337
馬新發行所　城邦（馬新）出版集團
Cite（M）Sdn. Bhd.（458372U）
41-3, Jalan Radin Anum, Bandar Baru Sri Petaling,
57000 Kuala Lumpur, Malaysia.
電話：+6(03)-90563833　傳真：+6(03)-90576622
讀者服務信箱：services@cite.my

一版一刷　2022年1月

城邦讀書花園
www.cite.com.tw

ISBN 978-626-315-057-7

售價：NT$ 380
（本書如有缺頁、破損、倒裝，請寄回更換）

國家圖書館出版品預行編目資料

在大滅絕來臨前：人類能否逆轉自然浩劫?從水利、生態設計、環境科學、基因研究到地球工程，普立茲獎得主對人類為解決地球問題帶來更多課題的觀察與思索/伊麗莎白．寇伯特(Elizabeth Kolbert)著；余韋達譯. -- 一版. -- 臺北市：臉譜，城邦文化出版；家庭傳媒城邦分公司發行, 2022.01
面；　公分. --（臉譜書房；FS0143）
譯自：Under a white sky : the nature of the future

ISBN 978-626-315-057-7（平裝）

1.環境科學 2.人類生態學 3.環境保護 4.全球氣候變遷

445.9　　110019915